富水新近系地层隧道围岩
特性与施工关键技术

Surrounding Rock Characteristics of Rich Water Neogene
Strain in Tunnel and Its Key Constructing Technology

马　莎　张战强　丹建军　著

科学出版社
北　京

内 容 简 介

  本书针对富水新近系地层隧道的施工在围岩特性研究基础上提出降水试验、渗流场反分析、渗流场正分析的技术方法及富水新近系地层隧道开挖支护新理念和新方法,研发出不良地质地段隧洞施工的新装置、新技术和新设备,对解决不良地质地段的隧道施工有显著的效果,为类似地层工程的设计和施工提供理论支撑和实践依据,具有重要的工程实践意义和推广应用价值。

  本书可供从事软岩-硬土工程的设计、施工、管理和研究人员参考,也可作为水利水电工程、岩土工程、地质工程及土木工程等专业本科生、研究生的参考用书。

图书在版编目(CIP)数据

富水新近系地层隧道围岩特性与施工关键技术 = Surrounding Rock Characteristics of Rich Water Neogene Strain in Tunnel and Its Key Constructing Technology/马莎,张战强,丹建军著. —北京:科学出版社,2016.9
  ISBN 978-7-03-049911-0

  Ⅰ.①富… Ⅱ.①马… ②张… ③丹… Ⅲ.①富水性-地层-水工隧洞-工程施工 Ⅳ.①TV554

  中国版本图书馆 CIP 数据核字(2016)第 214468 号

   责任编辑:李 雪 / 责任校对:郭瑞芝
   责任印制:张 伟 / 封面设计:无极书装

科 学 出 版 社 出版
北京东黄城根北街 16 号
邮政编码:100717
http://www.sciencep.com

北京厚诚则铭印刷科技有限公司 印刷
科学出版社发行 各地新华书店经销
*
2016 年 9 月第 一 版 开本:720×1000 1/16
2018 年 1 月第二次印刷 印张:13 3/4
字数:277 000
定价:118.00 元
(如有印装质量问题,我社负责调换)

前　言

新近系地层分布广泛,我国的河南、河北、山西、新疆、甘肃、山东、湖北等省份均有分布,美国、俄罗斯、日本、希腊、瑞士等国家也有分布。新近系地层具有极其复杂的工程特性,在世界范围内由该类过渡性岩土体引起的灾害不断发生。富水新近系地层由未胶结砂层、弱胶结砂岩和黏土岩交叉或互层构成,工程围岩属于不稳定Ⅳ类围岩或极不稳定Ⅴ类围岩,含水量丰富,围岩自稳能力极差,易软化、泥化、崩解,且易发生边墙挤入、底鼓及洞径收缩等现象,极易受到重力、地下水、施工爆破及开挖机械等因素的扰动而失稳。施工中涌水、涌砂、塌方、泥石流等现象频发,且成井、成洞极为困难,施工难度之大为国内外所罕见,施工安全无法保障。

新近系地层的赋存环境更加复杂,现有的勘察方法无法较好地表述其工程地质特征,现有的岩体试验规程或土体的试验规程也无法较好地表述其物理力学特征,前期勘察工程特性与现场工程地质条件差别非常大。开展对富水新近系地层的围岩强度、变形、破坏形式及破坏机理等围岩特性的研究,对研究富水新近系地层的隧洞施工理论和方法显得尤为重要,具有很重要的工程实际意义和理论支撑价值。

新奥法施工在富水新近系地层中遇到很大的挑战,施工中要面对地下水的控制、在地下水渗透压力作用下的涌水涌砂及大变形的预防和控制、施工进度控制及辅助施工方法的选择和应用等问题。工程实践表明,应用广泛的新奥法及其辅助施工方法在富水新近系地层隧道的施工上不具有适用性,现有的施工支护理论难以有效地解释其地层受力、变形及破坏方式,现有的支护方式难以安全、有效地在该地层围岩隧道进行支护,这给富水新近系地层围岩隧道支护理论的研究和工程实践带来极大的难度和挑战。

小浪底水库南岸灌区自流总干工程[引黄(河)入洛(阳)工程]为洛阳市重点水利工程项目,是小浪底水库南岸节水型生态农业灌区工程的组成部分。该工程于2010年4月底开工建设,工期为3年,但由于引水隧洞段围岩主要为新近系地层,施工中面临流砂层、弱胶结砂岩、黏土岩交叉或互层等不良地质条件,极易发生涌水、涌砂、塌方及泥石流等地质灾害,成井、成洞极为困难,施工难度极大,造成施工进度缓慢,整个工期长期延滞,工程投资也大幅度增加,因此,该地层围岩的隧洞施工成为关键控制性工程。

　　本书本着独创性和原创性的原则,由华北水利水电大学与洛阳水利工程局有限公司合作,进行了富水新近系地层隧道围岩特性与施工关键技术的研究。本书以"引黄入洛"工程隧道处于富水新近系地层这一复杂施工环境为实例,以未胶结砂层、弱胶结砂岩与黏土岩交叉或互层所构成的新近系地层为研究对象,以富水新近系地层隧道围岩特性及施工关键技术为核心,在现场勘察、施工揭露、室内物理力学试验及现场试验的基础上,揭示了不同岩土分类、岩石结构、在地下水作用下的工程力学特性及围岩破坏机理,并提出施工对策。本书提出了降水试验、渗流场反分析、渗流场正分析的技术方法及适合富水新近系地层隧道工程的施工新理念研发出不良地质地段隧洞施工新装置、新技术和新设备,并进行实例验证。

　　本书旨在深入研究富水新近系地层工程性质,提出富水新近系地层隧道施工的新理念与新方法,为类似地层工程的设计和施工提供理论支撑和实践依据。因此,本书的研究具有重要的科学意义和广阔的工程实践推广价值,是对现有学科的有效补充。

　　在前期相关研究和撰写过程中,本书得到了武汉大学肖明教授,中山大学张巍博士,长江勘测规划设计研究院张志国博士,华北水利水电大学刘汉东教授、黄志全教授、陈宇高级实验员的大力支持与帮助,得到了华北水利水电大学岩土工程与水工结构研究所的支持,得到了洛阳水利工程局有限公司的资助,在此一并表示衷心感谢。

　　感谢《人民黄河》期刊的匿名审稿专家和马广州主编,感谢华北水利水电大学的曹连海教授,他们的修改意见和建议使本书的部分内容得到了完善和提升。

　　本书由马莎提出大纲和思路,并由马莎统稿完成。各章节分工如下:第一章,马莎;第二章,马莎,张战强;第三章,马莎,成益洋;第四章,马莎,丹建军,张战强;第五章,马莎,张战强;第六章,马莎,丹建军,张战强,成益洋;第七章,丹建军,张战强,成益洋;第八章丹建军,张战强,成益洋。

　　受笔者水平所限,书中难免存在不足之处,敬请各位专家和读者批评指正。

马　莎

2016 年 5 月

目　　录

第1章 绪 论

新近系(neogene system)即新近纪时期形成的地层,曾被称为新第三系、上第三系,自下而上包括中新统和上新统,中国新近系仍以陆相为主,陆相新近系与下伏岩层一般呈假整合或不整合接触。

1.1 研究背景与意义

1.1.1 研究背景

新近系地层分布广泛,我国的河南、河北、山西、新疆、甘肃、山东、湖北等省份均有分布,美国、俄罗斯、日本、希腊、瑞士等国家也有分布。新近系地层具有极其复杂的工程特性,在世界范围内由该类过渡性岩土体引起的灾害不断发生。在国外,日本的上第三系泥质沉积物常引起大量滑坡和隧洞变形破坏;希腊的上第三系泥质沉积物的分布十分广泛,受构造运动、地貌条件及气候条件的影响,常导致滑坡、泥石流等地质灾害的发生;前苏联伏尔加格勒和前高加索地区在引水工程建设中曾遇到严重的上第三系灾害问题;在瑞士的北部,许多超固结黏土沉积物由于修建公路造成大量边坡失稳。国内方面,在兰渝线桃树坪隧道及胡麻岭隧道在富水第三系弱成砂岩中的修建难度非常大,区内外专家、学者曾多次现场考察并进行专题论证,确定为"国内罕见、世界性难题";引洮工程隧洞在上第三系地层采用单护盾 TBM 施工,出现了埋机、栽头等严重施工事故;南水北调穿黄工程由于下伏上第三系砂岩和黏土岩使得施工技术难度很大,曾出现支护开裂的严重问题;西霞院水电站厂房房坝段建基在上第三系及软岩层上,导致厂房结构和基础处理的大范围变更;洛阳伊川贾雷隧洞工程在第三系地层的隧洞施工中出现了塌方冒顶事故;三门峡槐扒引水隧洞工程、孟西灌区隧洞由于第三系(洛阳组)地层使得施工工期长期延长,造价成倍增长。

小浪底水库南岸灌区自流总干工程(引黄入洛工程)为洛阳市重点水利工程项目,是小浪底水库南岸节水型生态农业灌区工程的组成部分,主要解决洛阳市邙岭地区的农业灌溉和洛阳市城市用水。该工程于 2010 年 4 月初开工建设,工期为 3 年,但由于引水隧洞段围岩主要为富水新近系地层,施工中揭示的施工地质条件与工程勘察提供的岩土体条件差别非常大,工程围岩属于不稳定Ⅳ类围岩或极不稳定Ⅴ类围岩,含水量丰富,围岩自稳能力极差,易发生边墙挤入、底鼓及洞径收缩等现象;毛洞不能自稳,极易受到各种因素的扰动而失稳,施工中涌水、涌砂、塌方及泥石流现象频发,成井、成洞极为困难,施工难度之大为国内外所罕见,施工安全受到很大威胁,多次险象环生,施工安全无法保障。原设计方案和施工措施难以有效实施,正洞段自 2012 年 5 月以来受到饱和状态下此类地层的影响,施工停工至 2015 年 4 月;5# 竖井在 2011 年 12 月至 2013 年 4 月期间,9# 竖井在 2012 年 5 月至 2013 年 5 月期间,两井的施工均受到高压水的作用而停滞;11# 斜井自 2012 年 12 月至 2014 年 8 月的施工速度非常缓慢,平均月进度不足 10m。以上问题导致整个隧道工程工期严重拖延,造成整个引水工程的长期延滞,工程造价成倍增加,严重影响了施工区人民的生产和生活,无法实现对洛阳市邙岭地区的农业灌溉和洛阳市城市用水的目标,造成极大的经济损失。施工中主要出现如下的工程问题。

（1）地下水位在隧洞顶部上方 30～50m 处,地层渗透系数大,地下水位高,降水难度极大。

（2）掌子面涌水、涌砂,导致掌子面上方严重空洞,造成塌方、泥石流等地质灾害,现场情形如图 1-1 所示。

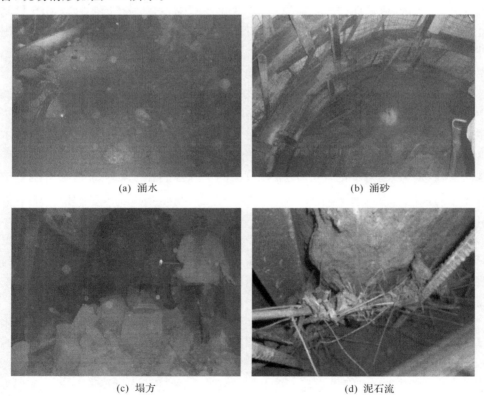

(a) 涌水　　　　　　　　　　　　　(b) 涌砂

(c) 塌方　　　　　　　　　　　　　(d) 泥石流

图 1-1　掌子面涌水、涌砂、塌方、泥石流

（3）边墙涌水、涌砂，造成围岩变形加大，洞径收缩，初期支护变形破坏，现场情形如图 1-2 所示。

图 1-2　初期支护变形破坏

（4）边墙饱和砂质黏土岩时，水浸泡围岩使其软化，造成下部钢拱架无法实施，边墙隆起，变形破坏，无法进行下一步的支护和衬砌，现场情形如图 1-3 所示。

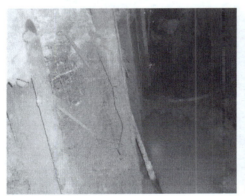

图 1-3　边墙隆起及变形破坏

（5）竖井在通过此类地层时，在地下水作用下，涌砂可达 12m，灌浆卡机卡钻，无法施工。

（6）饱和未胶结砂层在施工中受到爆破、机械、振动等扰动后，围岩出现液化现象，现场情形如图 1-4 所示。

（7）渗透系数大，竖井、斜井及正洞的施工在停电或水泵能力不足时极易被水淹没，无法施工，如图 1-5 所示。

自 2010 年 10 月底至 2012 年 12 月近两年内，一些施工段的施工进度相当缓慢，有的施工段甚至因无法施工而停滞。为此，自 2010 年 7 月底至 2013 年初

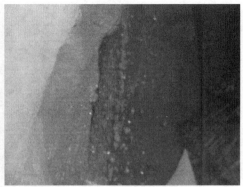

图 1-4　未胶结砂液化现象

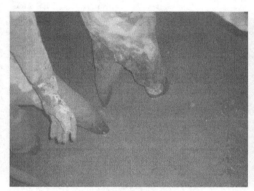

图 1-5　水砂淹没工作面

(2012 年年底),建设单位多次组织国内隧洞施工方面的知名专家,就引黄入洛工程新近系围岩段施工(技术)方案召开咨询会,参加会议的有王梦恕院士及水利部松辽委,中国水利水电第十五工程局、西安理工大学、中铁隧道局、河南省水利厅、省水利设计院、省水利工程局等相关单位的专家学者,专家们一致认为其工程地质条件在国内外隧道施工中罕见,可借鉴的经验少。鉴于小断面长隧道不良地质的实际施工情况难以采用现有的先进施工技术,也不能照搬照抄国内类似工程地质条件的隧洞施工的成功经验,只能结合实际情况寻求经济、合理、有效的施工技术和方法,因此,该地层围岩的隧洞施工成为整个引黄入洛工程的关键控制性工程。

1.1.2　研究意义

　　在隧道施工理论与技术方面,新奥法在现有的隧道施工中应用广泛,在中国、美国、日本、西欧及北欧的许多国家的地下工程中得到迅速发展,成为现代隧道工程新技术标志之一。但新奥法在富水新近系地层的施工中不具有适用性,造成隧道工程甚至整个工程的造价大幅度上升,工期长期延滞,因此,在围岩特性研究的基础上,针对富水新近系地层隧道支护理论和方法的研究是十分有必要的。

本书以引黄入洛工程隧道处于富水新近系地层为实例,以新近系地层为研究对象,以富水新近系地层隧道围岩特性及施工关键技术为核心,揭示工程力学特性及破坏机理和施工对策,建立渗流三维有限元模型,提出富水新近系地层隧道开挖支护的新理念及新方法,研发施工新装置、新技术和新设备,并结合三维数值模拟和工程实例进行验证,为类似地层工程的设计和施工提供理论支撑和实践依据。因此,本书具有重要的科学意义和广阔的工程实践推广价值,是对现有学科的有效补充。

1.2 国内外研究进展

1.2.1 新近系地层国内外研究进展

新近系地层在工程建设中表现出极其复杂的工程特性,国内外与该类地层工程地质特性相关的很多工程问题都难以解决(Loupasakis and konstantopoulou,2007;Sanada et al.,2012;马莎等,2016;马莎和李曼,2016)。新近系地层的施工成为限制工程进展的瓶颈问题,并引起了工程界的关注(曹峰,2012;高程,2013;张战强等,2016b)。

近年来,国内外学者对新近系地层的研究取得了一些进展,主要集中在岩土工程分类(闫宇和宋岳,2008;常福庆等,2009)、工程力学特性(Sdisun,et al.,2005;段伟等,2015)、水理特性(唐迎春等,2014;马向军等,2016a;薛振声等,2016a)、施工技术(何满潮等,2005;陈东亮和闫长斌,2009;杨扶银,2013;杨军等,2014;马向军等,2016b;薛振声等,2016b)及辅助工法等方面的研究。研究结果表明,新近系地层是一种似土非土、似岩非岩的过渡性岩土体材料,具有很强的地域性、多样性和复杂性,且岩层分布无规律、岩性多变、软硬夹层或岩层交叉或互层、相变大、胶结程度不一,工程地质特性多变,水理特性复杂,物理力学指标变化较大。

在岩土工程分类方面,对于其岩土性质的分类评价没有统一的标准,目前主要有三种观点:硬土类、软岩-硬土类或软岩类。刘汉东等(2006)认为上第三系洛阳组黏土岩具有典型的软岩硬土特征,应按软岩及土的特性指标进行深入研究。闫宇和宋岳(2008)采用工程地质研究方法,根据地层施工揭露、成岩作用、岩性及物理力学性质认为洛阳组地层等上第三系地层属于硬土类。常福庆等(2009)认为西霞院工程电站厂房地基的上第三系地层为特殊硬土或软岩-硬土类,具有土的工程地质特性,宜以土力学的方法进行评价。陈东亮和闫长斌(2009)认为上第三系中新统洛阳组地层是特殊的岩土体,适宜按照土力学的试验方法进行评价。甄秉国

(2013)按岩石分类分析了上第三系地层。

　　软岩和土的试验方法与试验标准迥异,而新近系地层呈现出"或岩或土、似岩似土"的特殊复杂性,现有岩石力学或土力学的勘察方法、试验方法和试验规程都不能很好地反映其工程特性,地层的岩土性质分类没有统一的标准。

1.2.2　富水新近系地层围岩特性研究

　　国内外对新近系地层的工程特性研究较少,但也取得了一些成果,主要集中在对新近系泥岩、砂岩的工程力学特性研究,考虑地下水作用的水稳特性、地下水作用机理、蠕变等特性的研究(秦四清,1993;何满潮等,1998;董方庭,2001;徐志英,2003;马莎等,2008;马莎和肖明,2008,2010;马莎,2009,2011)。张一等(2009)认为上第三系地层具有特殊的工程、水文地质性质,其透水性渐变特征明显且跨越多个透水等级,各类地层的分布规律性差,水文地质结构较为复杂;唐迎春等(2014)认为南宁第三系泥岩的抗压强度高、压缩性小、抗剪强度高及力学和膨胀性指标变异性大;欧尔峰等(2013)分析了天水地区第三系地层泥岩的地球化学成分与矿物成分及其演化等工程地质特性;张晓宇(2012)分析了西宁第三系泥岩夹石膏岩在地下水及空气暴露时间等因素作用下的力学性质、膨胀性及崩解性;张永双等(2000)认为上第三系黏土属于区域性特殊土,极易受环境(包括自然环境和工程环境)变化的影响,是典型的超固结、裂隙性和膨胀性硬黏土,硬黏土强度受裂隙控制作用明显;符又熹等(2003)分析认为室内超高压试验获得的力学参数与物理指标的关系可以评价第三系泥质沉积物的力学参数;董兰凤和陈万业(2003)研究了兰州市第三系砂岩的工程特性;罗平(2011)分析了含水弱胶结砂岩地层围岩物理力学参数与时间相关的特性;魏国俊(2013)分析了地下水对第三系砂岩稳定性的影响及作用机理。曹峰(2012)、高程(2013)研究指出有效解决第三系含水砂岩稳定性的重要措施是超前降水使围岩含水率低于砂岩塑性变形含水率;蔡臣(2012)研究了隧道开挖过程中第三系含水弱胶结砂岩围岩的物理力学性质的变化情况;陈德彪(2013)分析了兰渝铁路胡麻岭隧道第三系弱成砂岩在各种含水量状态下的蠕变特性。

　　富水新近系未胶结砂层、弱胶结砂岩与黏土岩交叉或互层围岩特性的相关报道比较少见。如何分析富水新近系地层隧道围岩特性,成为亟待解决的难题之一。

1.2.3　富水新近系地层施工理论与方法研究

　　新奥法的应用很广泛,但不同的应用者对它的解释还存在着许多矛盾。工程实践表明,由于对软岩的物理含义和力学性质理解不够,对利用仪器进行巷道变形及载荷测量的重要性认识不足,经常会出现不合理的套用新奥法理论来解释极软岩巷道支护机理的现象,或因应用不当而造成锚喷或锚网喷支护的巷道大面积跨落、坍塌等事故的发生,导致人力、物力的巨大浪费与损失(马莎和肖明,2011)。庞建勇等(2004)认为高应力巷道失稳的原因是围岩从弱支护部位鼓出,并逐渐导致牢固支撑部位的支架遭到破坏,发展过程由缓慢到急剧变化。周烨(2013)针对胡麻岭隧道富水第三系弱成砂岩提出了集新意法中"采用超前支护和加固措施减小或避免围岩变形"、新奥法中"尽快使支护结构闭合"、矿山法中"分部顺序采取分割式的开挖"三者相结合的施工理念。刘军(2013)针对乔家山隧道施工穿越第三系粉质黏土地层提出了降低施工风险的控制方法,主要通过增强支护强度、提高预留变形量等措施确保初期支护稳定性,并以衬砌不侵限为前提,允许初支产生较大变形并承担更多围岩压力,让由流变引起的主体变形在衬砌施作前完成。杨军等(2014)分析了我国第三系软岩巷道变形破坏特性及高应力节理化强膨胀复合型变形力学机制,提出锚网索-双层桁架耦合支护体系。软岩工程力学支护理论是以转化复合型变形力学机制为核心的新的软岩巷道支护理论(何满潮等,1998;何满潮,1999;周宏伟等,2001;刘泉声等,2004;孙晓明和何满潮,2005)。

数值计算方法方面主要集中在限单元法、离散元的运用上,出现了大量计算软件,如 ANSYS、FLAC、FINAI、UDEC 等,这些软件与支护理论相结合,在软岩地下工程支护中得到了广泛应用(Chen and Zhao,2002;杜永彬,2009;马莎等,2012;杨绪烽,2013;王锦华,2014),用于软弱围岩段、碎裂岩体洞内施工过程及开挖支护效果进行数值模拟。

对于富水新近系地层隧道施工而言,以新奥法为代表的传统施工理论不具有适用性,因此,提出新的施工理念是保证隧道施工过程中围岩稳定亟待解决的难题。

1.2.4 富水新近系地层施工技术研究

现有隧道施工方法很多,为满足工程实践需要,一般采用一种或多种施工方法联合使用,在新近系地层隧洞施工技术方面也取得了一些成果。

1. 正洞施工技术

富水新近系围岩正洞的施工主要是处理地下水问题,并结合降水探索施工方法和技术,主要有钻爆法、新奥法、盾构法(tunnel boring machine,TBM)、沉悬臂式非全断面掘进法等,小断面开挖施工的方法主要有 CRD(center cross-diagram)法、台阶法等。辅助施工技术和工艺主要有超前单排或双排小导管灌浆,超前大管棚和水平旋喷灌浆加固围岩、灌浆、冻结等方法。

蒋勇(2011)认为 TBM 不适于第三系富含水疏松砂岩围岩的隧洞施工,易发生涌砂埋机、栽头等事故,甚至导致 TBM 拆机,需要采用钻爆法预先处理该围岩段。王利民等(2011)在第三系砾岩隧洞施工中采用煤矿巷道悬臂式非全断面掘进机进行施工,但此方法成本高,且遇软弱夹层时常发生侧墙片帮、拱顶塌方等事故,洞底板承载力偏低,掘进机施工困难,效率低。程向民等(2013)认为 TBM 不适于引黄(河)入晋(山西)工程中高含水率的第三系红黏土隧洞洞段的施工,TBM 易出现围岩变形、泥裹刀及隧洞纵坡超限等难以处理的问题。苗河根(2008)在第三系巨厚地层凿井施工中采用放水放砂灌浆置换、帷幕植筋灌浆加固和化学灌浆堵水加固的方法改造围岩后,再利用普通凿井工艺施工。罗平(2011)、徐长久(2011)、刘成杰(2014)、司剑钧(2014)认为常规施工法对兰渝铁路桃树坪隧道的第三系粉细砂岩地层段不适用,应采用超期降水、超前小导管、台阶法施工,并采取钢拱架支护、水平旋喷桩、双侧壁工法、灌浆等施工措施。赵长海等(2006)介绍了新疆顶山隧洞极软岩段施工中采用的新奥法,该法以小型机械松动岩体,用人工非爆破方法开挖,并在导洞两侧分部开挖,格栅拱架-喷锚支护。赵士伟和楚建收(2008)对由泥质粉细砂岩、砂质泥岩构成主洞段围岩的隧洞采用洞内降水、"锚杆＋挂网＋钢支撑＋喷砼"联合支护,并紧跟二次衬砌。海来提·卡德尔(2009)认为新疆某隧洞围岩为第三系的砂岩、泥岩,对塌方段宜采用并排钢格栅、挂板砼-灌浆-管棚和二次衬砌法等施工方法。

富水新近系地层的正洞施工技术复杂,常规隧洞施工技术和现有先进施工技术难以有效实施。

2. 竖井施工技术

竖井不良地质地层的施工工艺主要有钻爆法、新奥法、盾构法、沉管法、沉井法和钻机法。辅助施工技术和工艺主要有超前小导管灌浆、超前大管棚、冻结、固结灌浆帷幕法及地下连续墙等。李宗哲等(2009)、杨灿文和黄民水(2010)在竖井中采用沉井法施工。夏维学等(2013)介绍了在裂隙发育、透水率大Ⅳ类及Ⅴ类的围岩中采用反井钻机成井与预固结灌浆及反复固壁固结灌浆相结合的技术。程正明(2012)针对海底隧道穿越富水砂层地段,在洞外采取地下连续墙和降水井降水＋TSS(total suspended solids)双液灌浆超前小导管超前支护加固砂层＋CRD 法开挖,初步支护采用钢支撑、双层钢筋网、长锁脚灌浆钢花管并喷混凝土进行施工。陈志国等(2010)针对厦门海底隧道翔安段在进入海域前下行穿越浅滩的富水性好且与海水连通的砂层,采用地下连续墙止水帷幕、减压降水井及洞内拱顶超前小导管灌浆的施工方案。

关于富水新近系地层复杂地质条件下的竖井施工技术的报道很少见,关于竖井中间段不良地质地段的施工技术的报道暂未见。

3. 斜井施工技术

目前对于软弱围岩的施工工艺主要采用台阶法、钻爆法、沉井法、钻机法,辅助施工工法有冻结法、超前小导管灌浆、超前长管棚、水平旋喷桩、固结灌浆等方法。

贾进锋(2012)研究了在高海拔低温-表土层深厚富水条件下斜井分段直孔冻结施工方式。王朝咏(2013)、赵玉明(2013)采用分期局部冻结方式、斜井步进式冻结法进行斜井施工。董波(2013)在围岩类别为Ⅳ1类及Ⅳ2类碳质、泥质板岩地层的斜井中采用"高压风＋水配合"反井钻机施工。刘玉柱和冯旭东(2008)在不含水局部含土质砂层和砂砾的风积粉细砂层的斜井中采取管棚灌浆法施工。葛取平和刘传文(2009)在斜井及正洞隧道全-强风化富水砂岩及含水砂层地段采用三台阶分部施工。刘成杰(2014)、徐长久(2011)在桃树坪富含水第三系粉细砂岩地层段成砂岩的斜井采用超前小导管灌浆及水平旋喷桩施工工艺。熊善平(2012)在含水砂层地层的较长斜井中采用分台阶倾斜导向旋喷桩预支护,并与井点降水相配合。

富水新近系复杂地质条件下的斜井施工难度很大,与斜井中间段富水新近系地层的施工相关的文献较少。因此,在富水新近系地层中隧道施工中,现有施工技术难以有效实施,亟须探索针对新近系地层隧洞施工可行而有效的施工新方法、新技术。

1.2.5 降水辅助工法研究现状

在富水条件下的新近系地层隧道的施工中,施工降水已成为隧洞施工的关键问题之一,并取得了一些成果。张学文(2012)介绍了在桃树坪隧道饱和富含水的第三系粉细砂岩地层中的斜井采用"真空轻型井点＋集水坑"法,在平洞采用"真空轻型井点＋深井井点降水"方法。张建奇(2013)介绍了在第三系富水砂岩的程儿山隧道中采取"轻型真空井点＋管井＋集水井"的降水措施;唐国荣(2011)介绍了在第三系未成岩粉细砂地层中采取"真空轻型井点＋基底深井井点降水"法;千绍玉(2011)介绍了在宁夏某隧洞工程第三系饱和含水粉细砂岩层的下部为砂质泥岩或泥岩层时,洞外采用深井群井井点(管井)降水,洞内采取"真空负压轻型井点＋地板防渗排水地表降水"、作业面辅助法。

施工实践表明,降水措施是否有效是隧洞施工能否顺利进行的关键问题。

1.3 本书的研究框架、结构体系及技术路线

针对已有研究和存在的问题,并以引黄入洛工程富水新近系地层为例进行实证研究,确定了本书的研究框架、结构体系及主要特色。并力求回答以下3个问题:①如何揭示富水新近系地层的围岩特性? ②如何建立富水新近系地层围岩隧道施工新理念? ③如何针对富水新近系地层隧道围岩提出施工新方法?

1.3.1　本书的研究框架

1. 富水新近系围岩特性研究

结合现场施工条件和施工状况,进行室内和现场试验,揭示不同岩土分类、岩石结构及在地下水作用下的工程力学特性,并进行岩土体分类,揭示围岩破坏机理,提出施工对策。

2. 富水新近系地层隧道围岩施工新理念研究

在分析国内外文献的基础上,本书提出"降水试验、渗流场反分析、渗流场正分析"的技术方法及适合富水新近系地层隧道工程的施工新理念,根据现场抽水试验,研究围岩的水文地质特性。结合研究洞段地质条件,本书选取典型洞段进行隧洞三维渗流场、应力场及其耦合数值分析,并综合采用现场试验、数值模拟和工程验证的研究手段,对提出的富水新近系地层隧道施工新理念进行验证。

3. 富水新近系围岩施工新方法

本书通过富水新近系地层隧洞围岩复杂地质条件的施工探索、数值分析及工程实践验证,研发了竖井中间段不良地质地段施工的新装置、新技术及防渗堵漏的灌浆设备提出了洞外与洞内降水、堵水、聚排水相结合的降水新技术。

1.3.2　本书的结构体系

本书将工程现场施工实践与科学研究相结合,通过工程勘察、现场施工工况分析及试验研究,解决新近系地层隧道围岩特性问题;将现场试验、数值分析与工程施工实例验证相结合来解决新近系围岩施工新理念问题;将施工经验与数值分析、工程实施验证相结合,研发竖井中间段流砂层的施工装置和施工工艺;将现场施工实践与工程经验相结合,解决防渗堵漏的灌浆设备的研发问题,研发隧洞正洞、竖井及斜井的不良地质地段流砂层段的施工新技术,以及洞外深井群降水与洞内堵水、降水、排水相结合的降水新技术。

1. 现场调查研究分析

前期及补充地质勘查、现场施工揭露表明,引黄入洛工程隧洞围岩富含地下水,主要为未胶结砂、弱胶结砂岩和黏土岩交叉或互层,施工中极易发生涌水、涌砂、塌方等渗流变形及初支变形破坏等事故,造成施工难度极大,造成局部施工段停滞。国内外相关研究较少,从而确立了本书的研究内容。

2. 富水新近系地层隧道围岩特性分析

现场施工地质揭露表明,该地层的实际工程特性与原地质勘测提供的依据差别很大,现场施工环境相当复杂。围岩特性需由试验测定,试验样为隧道开挖的核心土或由边墙钻样(或洞底部挖取砂样)取得,具体试验流程如图 1-6 所示。

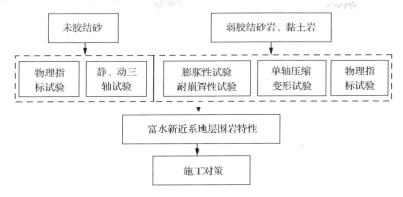

图 1-6　富水新近系地层隧道围岩的特性分析

(1)通过新近系未胶结砂的物理力学试验,测定密度、相对密实度、干密度、比重、含水率、压缩模量、渗透系数,并进行颗粒分析;根据试验结果、工程地质条件及现场施工情况,确定静、动三轴试验方案,并进行三轴试验,分析含水率对新近系粉质黏土强度影响的规律,分析饱和未胶结砂层的静、动强度特性,动应变,动孔压,动力变形特性,研究初始密实度、固结压力、循环应力比等因素对其特性的影响,并根据新近系饱和砂土的液化机理,建立动孔压发展模型。

(2)通过新近系弱胶结砂岩和黏土岩常规物理试验,测定密度、比重和含水率;进行膨胀试验和耐崩解试验,测定膨胀率、膨胀力和耐崩解指标,分析其膨胀性和耐崩解性;进行单轴压缩变形试验,分析不同结构、不同含水率及不同岩性的应力-应变关系、变形模量、泊松比和力学参数。

(3)在上述分析结果的基础上,结合工程地质条件、地下水作用,围岩开挖后自稳能力差、易涌水、涌砂、振动液化、初支变形大等工程特性,分析新近系围岩的水理特性,揭示在地下水作用下的不同结构组成、不同岩性的新近系围岩的强度特性、应力-应变曲线的变化规律。

(4)在上述试验的基础上,综合分析前期勘察调查研究、施工揭露、地层岩性、工程地质性质、物理力学性质、单轴抗压强度、成岩作用、胶结程度、岩石强度、颗粒组成、岩层分布及地下水作用等因素,进行岩土分类。

对富水新近系地层弱胶结特性、水稳特性、易扰动性等特性进行研究,分析其破坏机理,在此基础上提出施工对策。

3. 富水新近系地层隧道施工新理念的分析及验证

现场施工揭露的地质条件和上述研究表明,地下水处理问题是施工的关键技术问题。因此,此处采用洞外深井群超前降水方法,进行现场降水试验并建立三维有限元渗流场反分析模型;通过反分析围岩水文地质特性,确定渗流参数及渗流场;建立基于 FLAC^{3D}的三维渗-固耦合模型,在采用和不采用洞外深井群降水措施的情况下,分别进行隧洞开挖渗流应力耦合数值分析。通过对比两种方案下的围岩变形、破坏区范围等指标,研究洞外深井群降水措施对围岩稳定性的改善情况,分析采取洞外深井群降水措施的必要性。最后通过工程实施实例验证,提出新近系围岩"先治水,再施工"的施工理念,具体见图 1-7。

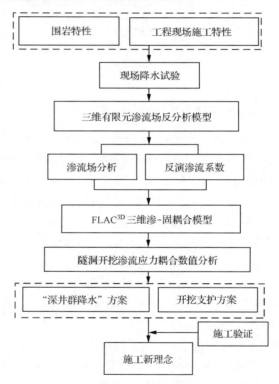

图 1-7　富水新近系地层隧道施工新理念的分析及验证

4. 富水新近系地层隧道施工新方法的分析及验证

（1）首先建立三维有限元 ANSYS 数值分析模型,分析加固装置的结构在施工和运行工况下的位移、变形及应力等参数;通过对工程中多个竖井中间段流砂层段的工程进行实例验证,研发竖井中间段不良地质地段施工新装置和新工艺。

（2）针对隧洞流砂层段无法施工这一难题,提出富水新近系流砂层段（未胶结砂层段）施工可采用透水钢板桩法的施工新技术,并通过富水未胶结砂层段的施工验证其可行性和有效性。

（3）通过使洞内导水洞（或排水管）降水与超前支护加固堵水、透水钢板桩固砂排水相结合,以及采取钢板桩(或钢板槽)集水坑或钢护筒集水等聚非水措施,证明工程施工可行有效,从而提出洞外深井群降水与洞内降水、堵水、聚排水相结合的降水新技术。

为满足深埋隧洞一些渗漏部位的少量防渗、堵漏的施工需求,以解决现有的灌浆设备在用于防渗、堵漏等灌浆施工时存在局限性,研发了便携式灌浆设备,并通过多个隧洞工程的防渗、堵漏等灌浆工程实例验证了其适用性和优越性。

1.3.3　本书的技术路线

1. 技术路线

本书在研究富水新近系地层隧道围岩特性与施工关键技术时,采用的技术路线如图 1-8 所示。

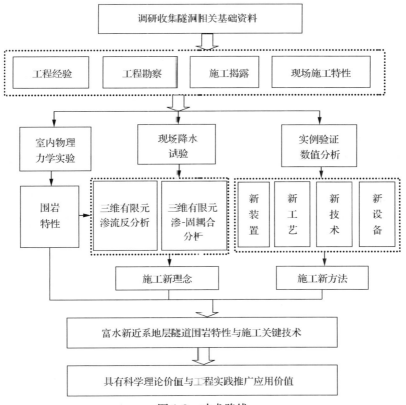

图 1-8　技术路线

2. 实验与研究方案

(1)围绕富水新近系地层隧道围岩特性和施工关键技术进行理论研究、数值分析和实例验证,并以引黄入洛工程为实例,在第一期工程——小浪底南岸引水口工程的施工中积累的丰富施工经验的基础上,收集工程区地形地貌、区域构造、工程地质、地应力、地质水文、地震等区域地质资料,以及前期勘测资料、前期试验资料、设计和施工资料、专家咨询论证纪要、施工揭露的工程地质和水文地质资料,查阅与新近系地层有关的国内外研究文献,较全面地了解和掌握国内外研究现状。

（2）根据施工揭露的围岩,确定岩石颜色、物质成分、结构、构造等岩性特征,在典型代表部位和工程重要部位进行现场和室内试验。现场取样进行室内的未胶结砂的物理力学试验,并根据地下水的作用及施工时易发生渗流破坏等现象,确定动、静三轴试验方案:通过固结排水剪切三轴试验(consolidated drained, CD)探索隧洞施工开挖时饱和未胶结砂的应力-应变和强度变化规律,分析含水率、初始固结压力和密实度对强度的影响;通过不固结不排水剪切试验(unconsolidated undrained, UU)研究含水率对新近系黏土层和未胶结砂的强度影响;通过动三轴试验分析其动力特性、动模量特性、受施工扰动及振动液化力学特性。对新近系弱胶结砂岩和黏土岩进行膨胀试验和耐崩解试验,分析其水理特性;进行单轴压缩变形试验,分析不同结构、不同含水率、不同岩性岩石的强度规律及其应力-应变规律。室内试验揭示了未胶结砂、若胶结岩交叉或互层围岩的力学特性和破坏机理。通过现场施工试验及现场降水试验,揭示围岩水文地质参数及渗流场分布规律。在上述分析的基础上分析富水新近系地层隧道围岩特性,并提出施工对策。

（3）为解决工程现场施工中地下水难以处理、施工开挖围岩无法自稳等难题,进行现场降水试验并建立三维有限元渗流反分析模型,通过反分析模型确定围岩渗透系数和渗流场,在此基础上,建立基于 $FLAC^{3D}$ 的三维渗-固耦合模型。对比不同开挖施工方式下隧道围岩的应力场、渗流场、位移场、破坏区等指标,提出先洞外深井群超前降水再洞内施工降水、超前支护、短进尺、衬砌紧跟等"先治水,再施工"的施工理念。

（4）在查阅国内外不良地质条件下开挖和支护相关文献的基础上,参考煤炭开挖与支护方法,以及同类地层条件下隧洞施工爆破、超前支护、开挖及支护等施工试验,结合三维有限元数值分析和工程实例验证,提出富水新近系地层隧道施工的新工艺,并研发出富水新近系地层隧道施工的新装置、新技术和新设备。

1.4　本书的创新之处

新近系地层在我国多个省份广泛分布,富水新近系地层具有极其复杂的工程力学特性,国内外专家一致认为其施工难度极大。高难度的施工条件导致工程工期严重滞后,工程成本大幅度增加,造成了巨大的经济损失和不良社会影响。本书通过开展前沿及重点工程关键性技术问题的研究,取得了如下创新成果。

　　(1) 基于现场试验、数值分析及实例验证分析,提出降水试验、渗流场反分析、渗流场正分析的技术方法,从而解决实际工程中在复杂水文地质条件下仅依靠传统的降水试验和解析方法难以反映实际情况的难题;提出富水新近系地层隧道工程施工"先治水再施工"的理念,解决了以新奥法为代表的现有施工理论难以有效实施的问题,丰富了现有隧道施工理论。

　　(2) 研发竖井施工用沉筒加固装置,提出"竖井中间段软弱地质层的施工加固方法",从而解决了现有技术在富水竖井中间段不良地质地段都不适用的施工难题,为竖井不良地质地段的设计和施工提供理论基础和工程实践依据;研发了新型便携式灌浆装置,解决了深埋隧洞内小范围、小灌浆量、间隙式的防渗堵漏灌浆难题,从而大幅度降低施工成本,提高灌浆效率,有效弥补了现有灌浆机的技术缺陷。

　　(3) 引进洞内透水钢板桩固砂技术及深埋隧洞外深井群超前降水技术,使洞内导水洞或排水管降水与超前支护加固考本、透水钢板桩固砂排水相结合,采用钢板桩(或钢板槽)集水坑或钢护筒集水等集降水、堵水、聚水与排水作用的降水技术,解决了新近系流砂层段隧道无法施工的难题。

第 2 章　新近系未胶结砂的物理力学
特性室内研究

施工揭露表明,引黄入洛工程新近系地层中有较厚的未胶结砂层,含水量丰富。在施工机械开挖、降水等扰动下,隧道开挖过程中隧道围岩的不同部位容易发生破坏,其破坏形式各异的破坏,如涌水、涌砂、泥石流等渗流破坏,以及塌方、初支破坏等地质灾害,这些地质灾害影响围岩结构、围岩强度和整体稳定性,极易造成非常复杂的工程特性,导致施工极其困难,严重延滞施工进度,使工程造价大幅度增加。目前,与富水新近系未胶结砂层相关的研究文献较少,Belkhatir 等(2010)、王宏等(2011)认为围压、固结应力比、密度、动应力幅及循环次数是穿黄工程隧洞段饱和砂动强度特性和动孔压特性的主要影响因素。因此,根据引黄入洛工程深埋隧洞新近系未胶结砂层(流砂层)的现场施工特点,进行了物理力学实验、动三轴、静三轴试验,分析含水率对粉质黏土强度的影响,并分析不同初始有效固结压力 σ_3 和密实度 D_r 下未胶结砂的动强度特性、静强度特性及动力变形特性。

考虑施工开挖过程中采取洞外及洞内排水时的排水条件较好,故采用三轴固结排水剪切试验分析未胶结砂的相关特性;未胶结砂层局部有粉质黏土夹层,起到泥化作用并导致砂层结构发生变化,因而采用三轴不固结不排水剪切试验分析含水率对未胶结砂层及其所含粉质黏土的强度影响;由于在掌子面施工前不能及时排除局部集聚的地下水,造成局部未胶结砂层饱和,在施工中掌子面前方围岩内易发生涌水、涌砂等地质灾害,故采用三轴固结不排水剪切试验(consolidated undrained,CU)进行动力试验。

2.1　常规试验指标

工程施工需要进行超前支护,无法取得未胶结砂的原状样,因而试验样在 11# 斜井开挖的洞底部取样。清除洞底部上表层的砂,取未受施工及混凝土浇筑影响的新鲜砂样,将砂样压入保鲜盒内并立即用保鲜膜密封。未胶结砂呈浅黄色、浅褐黄色,含少量粘粒、粉粒及砂粒,以中细粒为主,饱和状态较均匀、密实,含少量砾石或钙质结核,试验结果如表 2-1 和表 2-2 所示。

表 2-1　未胶结砂的基本物理指标

测定指标			计算指标					
ρ /(g/cm^3)	$\omega_{饱}$/%	G_s	e	n/%	S_r/%	ρ_{sat}/(g/cm^3)	ρ_d/(g/cm^3)	ρ'/(g/cm^3)
2.08	20.35	2.647	0.531	34.63	100	2.08	1.729	1.08

注：ρ 为密度，g/cm^3；$\omega_{饱}$ 为饱和含水率；G_s 为比重；e 为孔隙比；n 为孔隙率；S_r 为饱和度；ρ_{sat} 为饱和密度，g/cm^3；ρ_d 为干密度，g/cm^3；ρ'为有效密度，g/cm^3。

表 2-2　未胶结砂与其他物理力学指标

测定指标	颗分试验		相对密实度	压缩性指标		渗透性指标	强度参数	
	C_u	C_c	D_r	a_{v1-2} /(1/MPa)	E_s /MPa	K /(cm/s)	c /kPa	φ /(°)
测值	3.12	1.39	1.12	0.175	8.734	1.44×10^{-3}	0	35.623
备注	级配不良中砂		密实	中等压缩性	中等渗透性	较低		

注：C_u 为不均匀系数；C_c 为曲率系数；D_r 为相对密实度；a_{v1-2} 为压缩系数，1/MPa；E_s 为压缩模量，MPa；K 为渗透系数，cm/s；c 为黏聚力，kPa；φ 为内摩擦角。

2.2　饱和未胶结砂的 CD 试验

2.2.1　试验方案

为研究隧洞施工开挖时饱和未胶结砂的应力-应变和强度变化规律，用扰动土样进行三轴固结排水剪切试验。设置的 3 个初始围压分别为 100kPa、200kPa 和 300kPa，根据天然密度 ρ 为 2.08g/cm^3、最大干密度 ρ_{dmax} 为 1.67g/cm^3 和最小干密度 ρ_{dmin} 为 1.32g/cm^3，确定干密度 ρ_d 分别为 1.65g/cm^3、1.60g/cm^3 和 1.50g/cm^3。试样的干密度为 1.65g/cm^3 时对应的最大含水率为 18%，含水率大于 18% 的中砂不易得到击实样，从而确定含水率为 18%。

2.2.2　控制标准

(1) 试样直径为 39.1mm，起始高度为 8cm，起始面积为 12cm^2。

(2) 固结条件：采用等向固结，加围压后孔压的变化满足在间隔 10 分钟以内不超过 0.5kPa，则起始孔压稳定，自动转入固结。固结度赋值为 95%，即孔隙水压力消散为 95% 以上时，固结完成。

(3) 剪切速率：采用应变控制，每分钟的应变速率为 0.012%。

(4) 破坏标准：应变为 20% 时认为试样破坏，剪切停止。当出现峰值时认为土样已破坏；没有峰值时，取应变为 15% 时对应的应力差为试样破坏应力差。

(5) 试样饱和控制：采用反压饱和，即分级加围压和反压，每级反压都要比围

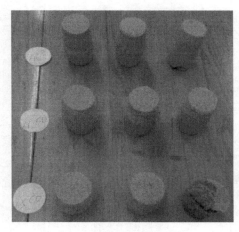

图 2-1　试样的破坏形式

压小 20kPa 左右,当孔压约等于围压值或饱和度大于 99%时认为试样饱和。

2.2.3　试验结果及分析

1. 试样的破坏形式

试样的破坏形式均为中部鼓肚膨胀破坏(图 2-1),试验说明破坏过程中体积膨胀起主要作用,径向的膨胀变形过大是导致试样破坏的主要原因。试验结束后,试验砂样比较密实,黏结紧密,不易松散,硬度较硬,如软岩状态。

2. 不同干密度下的主应力差-应变曲线

不同干密度下的应力线如图 2-2 所示,由图可知,应变 ε_1 小于 5%时,干密度 ρ_d 为 1.60g/cm³ 的试样的主应力差-应变曲线最高;应变 ε_1 大于 5%后,随着应变的增大,试样的主应力差-应变曲线趋于平缓,受干密度的影响较小。总体来说,砂样的密实程度和围压对其强度特性的影响较大,低围压对中等密实度砂样的影响

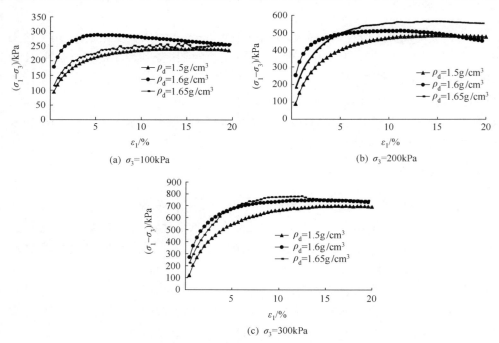

(a) $\sigma_3=100$kPa

(b) $\sigma_3=200$kPa

(c) $\sigma_3=300$kPa

图 2-2　不同干密度下的应力差-应变曲线

较大,中等围压对高密实度的砂样影响较大,高围压对低密度的砂样影响较大。主应力比-应变曲线大致与图 2-2 相似。

3. 不同围压下的应力-应变曲线

1) 主应力差-应变曲线

不同围压下的主应力差-应变曲线如图 2-3 所示,由图可知,主应力差-应变曲线没有出现明显的直线段及破坏峰值强度,说明砂样的蠕变变形特性明显。总体来说,在应变较小时($\varepsilon_1 = 5\%$),主应力差-应变曲线缓慢上升,随着应变的增加,主应力差-应变曲线趋于平缓。应力-应变曲线的最大曲率点对应的应变 ε_1 随着围压 σ_3 的增大而增大,主应力差($\sigma_1 - \sigma_3$)值也随着 σ_3 的增大而增大。

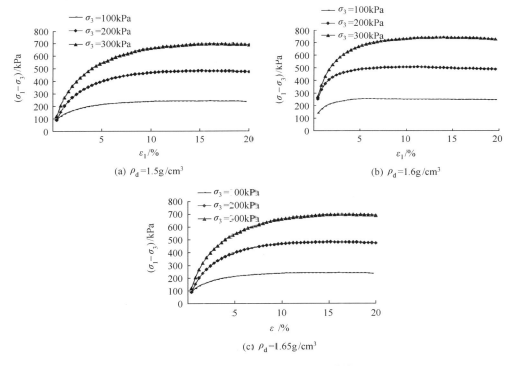

图 2-3　各围压下主应力差-应变曲线

2) 主应力比-应变曲线

不同围压下的主应力比-应变曲线如图 2-4 所示,由图可知,不同初始围压下的主应力比-应变曲线的变化趋势随不同干密度的增加而差异增大。干密度为 $1.50\text{g}/\text{cm}^3$ 时,各初始围压下主应力比-应变曲线基本重合;干密度为 $1.60\text{g}/\text{cm}^3$ 时,差异明显增大。

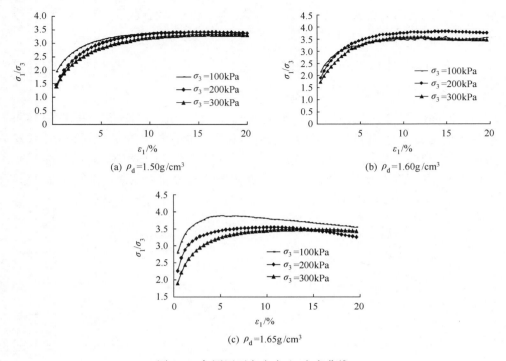

图 2-4　各围压下主应力比-应变曲线

　　这充分表明砂样的密实程度和所受到的初始围压是影响其强度特性的主要因素,中等密实程度及低围压对砂样强度的影响最为明显。

4. 强度参数分析

1) 强度参数试验结果及分析

　　强度参数试验结果如表 2-3 所示,由表可知,在一定含水率下,中等密实度的砂样颗粒间具有一定的黏结力作用,砂样颗粒趋向压密,具有较大的黏聚力 c 和内摩擦角 φ;随着砂样密实度增大,内摩擦角继续增大,黏聚力先增大后减小,当密实度增大到一定值时,密砂受力后颗粒间发生较大的错动,砂样颗粒间粘结力消失,黏聚力为零。内摩擦角受砂样密实度的影响较小,黏聚力受砂样密实度的影响较大,当干密度为 1.65g/cm³ 时,黏聚力为零。

2) 抗剪强度与干密度的变化分析

　　抗剪强度在不同初始围压下随干密度变化的趋势如表 2-3 和图 2-5 所示,可以看出,在同一干密度值下,砂样的抗剪强度随着围压的增高而增大。

表 2-3　强度参数试验结果

参数	主应力差峰值/kPa			τ_f /kPa		
	$\rho_d=1.65g/cm^3$	$\rho_d=1.6g/cm^3$	$\rho_c=1.5g/cm^3$	$\rho_d=1.65g/cm^3$	$\rho_d=1.6g/cm^3$	$\rho_d=1.5g/cm^3$
100/kPa	261	289	241	68.99	79.71	67.84
围压　200/kPa	564	511	483	137.97	142.17	131.05
300/kPa	779	748	696	206.96	206.64	194.27
c /kPa	0	16.25	4.52	—	—	—
φ /(°)	34.6	32.4	32.3	—	—	—

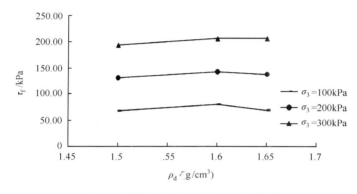

图 2-5　抗剪强度与干密度的关系曲线

3）主应力差峰值与围压和干密度的变化分析

主应力差峰值与围压的关系曲线如图 2-6 所示,由图可知,在同一初始围压下,主应力差峰值随干密度的增大而增大($\sigma_3=100kPa$,$\rho_d=1.60g/cm^3$ 时除外)。主应力差峰值与干密度的关系曲线如图 2-7 所示,由图可知,同一干密度下,主应力差峰值随着围压的增大而增大。

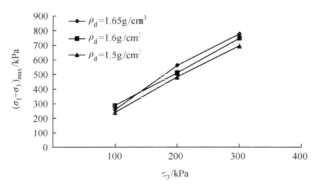

图 2-6　主应力差峰值与围压的关系曲线

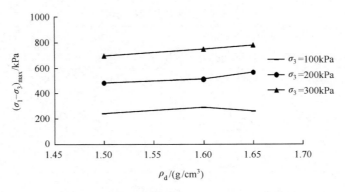

图 2-7　主应力差峰值与干密度的关系曲线

4）主应力比与干密度的变化

主应力比与干密度的关系曲线如图 2-8 所示，由图可知，不同干密度的主应力比没有趋于同一直线，低围压、中等干密度的主应力比相差最大，中等围压、高干密度的主应力比也相差较大，说明试验砂样的密实度和施加的初始围压是影响砂样强度的两个主要因素。

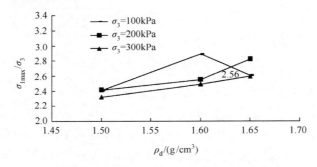

图 2-8　主应力比与干密度的关系曲线

2.3　未胶结砂的三轴不固结不排水剪切试验

2.3.1　试验方案

为研究含水量和排水对未胶结砂稳定性的影响，在实验室进行了室内三轴不固结不排水剪切试验。

在整个试验过程中试样的含水率保持不变。根据饱和含水率为 20.35%，分别取含水率 ω 为 12%、14%、16%、18%，试样的干密度为 1.6g/cm³，分别在围压为 100kPa、200kPa、300kPa 的条件下进行三轴不固结不排水剪切试验。

2.3.2　控制标准

（1）试样直径为 39.1mm，起始高度为 8cm，起始面积为 $12cm^2$；

（2）剪切速率：采用应变控制，每分钟的应变速率为 1%；

（3）破坏标准：设剪切停止时的应变为 20%，当出现峰值时认为土样已破坏；没有峰值时，根据土工试验标准，取应变为 15% 时对应的应力差为试样破坏应力差。

2.3.3　试样结果及分析

1. 破坏形式

试样的破坏形式均为中部鼓肚膨胀综合破坏（图 2-9），试验说明破坏过程中体积膨胀起主要作用，径向膨胀变形过大是导致试样破坏的主要原因。

图 2-9　试样破坏形式

2. 不同含水率下的主应力差-应变曲线

不同含水率下的主应力差-应变曲线如图 2-10 所示，由图可知，应变小于 5% 时，主应力差-应变曲线中主应力差随应变的增加呈较陡直的斜率上升；应变达到 5% 后，主应力差随应变的增加而趋于平稳；随着初始围压的增大，主应力差值明显降低。例如，砂样含水率大于 16% 时，其强度在低围压时明显降低，含水率在 14%~16% 时，在高围压时其强度明显降低。因此，砂样的含水率对砂样强度的影响与初始围压密切相关，主应力比-应变曲线变化趋势与图 2-10 大致相似。

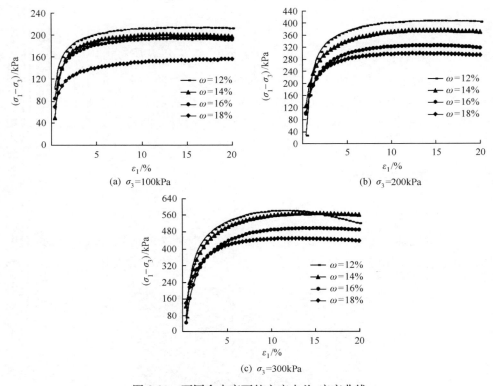

图 2-10　不同含水率下的主应力差-应变曲线

3. 不同初始围压下的应力-应变曲线

1) 主应力差-应变曲线

不同围压下主应力差-应变曲线如图 2-11 所示,由图可知,不同初始围压下的应力-应变曲线没有明显的直线段及破坏峰值强度。在 ε_1 较小时,主应力差随着初始围压的增大而增长较快,曲线的最大曲率点对应的 ε_1 也随着初始围压的增大而增大;随着 ε_1 的增大,不同初始围压下的应力-应变曲线变化趋势趋于一致,曲线斜率趋于零。总体来说,在应变较小时,应力-应变曲线缓慢上升,向下弯曲,斜率为正;随着应变的增加,应力-应变曲线达到曲率最大点。

2) 主应力比-应变曲线

不同围压下主应力比-应变关系曲线由图 2-12 所示,由图可知,在同一含水率下,不同初始围压下的主应力比-应变关系曲线变化明显不同,含水率对试样主应力比的影响随初始围压的增大而减小。在中高围压、砂样含水率在 14% 以下时,含水率对砂样的强度影响较大;在低围压、砂样含水率在 16% 以下时,含水率对砂样的强度影响较大;含水率为 18% 时,各种初始围压对砂样强度基本无影响。

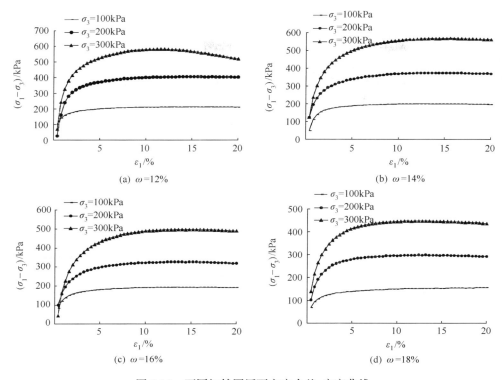

图 2-11　不同初始围压下主应力差-应变曲线

4. 强度分析

强度参数分析如图 2-13～图 2-16 所示。

由图 2-13 可知,随着含水率的增加,主应力差峰值减小,含水率超过 14% 后的峰值减小最明显。由图 2-14 可知,在中高围压、砂样含水率在 14% 以下时,含水率对砂样的强度影响较大;在低围压、砂样含水率在 16% 以下时,含水率对砂样的强度影响较大;含水率超过 16% 以后,各种初始围压对砂样强度的影响很小。由图 2-15 可知,在同一围压下,主应力峰值随含水率的增加而减小,含水率为 12% 和 14% 时的主应力差峰值较为接近,在低围压下,含水率为 18% 时的主应力差峰值明显偏低;在中高围压下,含水率为 16% 和 18% 时的主应力差峰值较为接近。由图 2-16 可知,内摩擦角 φ 随含水率的增加而减小,含水率超过 14% 后内摩擦角 φ 明显降低,如低含水率(12% 和 14%)的内摩擦角 φ 值较为接近,高含水率(16% 和 18%)的内摩擦角 φ 值较为接近。黏聚力 c 值的变化相对较大,含水率为 18% 时,黏聚力 c 最小,最小值为 2.06kPa,含水率为 12% 时,黏聚力 c 最大,最大值为 21.08kPa。砂样的黏聚力 c 值随含水率的减小而增大(含水率为 16% 时除外),含水率为 16% 时,黏聚力 c 为 12.83kPa,大于含水率为 14% 时砂样的黏聚力 c 值。

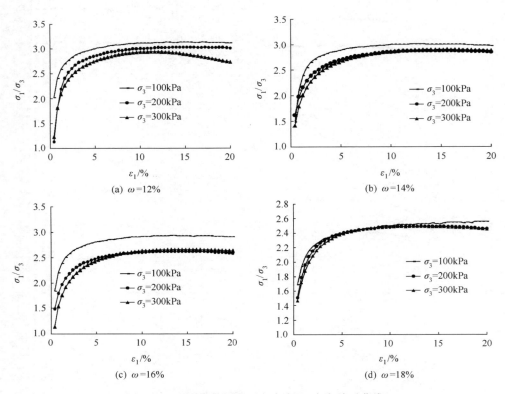

图 2-12　不同初始围压下主应力比-应变关系曲线

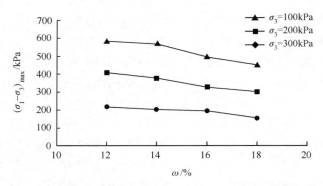

图 2-13　主应力差峰值在不同围压下与含水率的变化关系

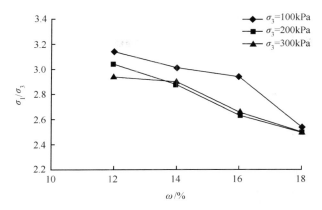

图 2-14　主应力比在不同围压下与含水率的变化关系

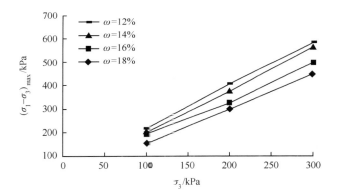

图 2-15　主应力差峰值与含水率的变化关系

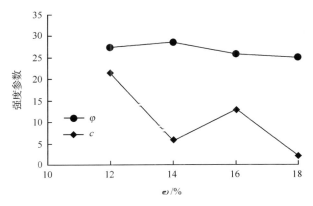

图 2-16　强度参数与含水率的变化关系

2.4　粉质黏土的三轴不固结不排水剪切试验

引黄入洛工程的引水隧洞围岩主要为新近系地层,含未胶结砂层、弱胶结砂岩和黏土岩交叉或互层。其中,薄夹层粉质黏土层及粉质黏土充填物的物理性状及力学强度随含水量的不同而发生很大变化。地下水对围岩起到软化和泥化作用,使岩石的孔隙率、砂层颗粒的排列方式等微观结构发生变化;地下水会改变土质性状,使岩体强度、变形特性发生较大变化(魏玉峰等,2010;郑水敢,2011;黄琨等,2012)。

研究表明,隧洞围岩含水率的变化影响了围岩结构、围岩强度和整体稳定性,导致隧道开挖过程中隧道围岩的不同部位发生破坏,其破坏形式各异,施工极其困难(凌华和殷宗泽,2007;袁全义,2009)。因此,为进一步分析引黄入洛工程新近系围岩的工程力学特性,对含水率对粉质黏土强度的影响进行试验研究,以便为施工时围岩含水率的降低措施提供理论指导。

2.4.1　试验方案

在三轴不固结不排水剪切试验的试验过程中,每个试样的含水率保持不变,控制标准同 2.3.3 节。

(1)圆柱体试样的直径为 39.1mm,起始高度为 8cm,起始底面积为 $12cm^2$。

(2)制样。控制重塑土的干密度和原状土的干密度相同,在该粉质黏土的塑限(19.80%)和液限(32.90%)之间取 4 个不同含水率,分别取为 21%、23%、25.68%(天然含水率,即施工中的含水率)、28.7%(饱和含水率为 27.5%～29.8%)。饱和试样是由天然含水率的试样经过抽气饱和 24 小时得到。

(3)每个含水率进行 1 组试验(3 个试样),设置围压分别为 100kPa、200kPa、300kPa,每组试样含水率在试验过程中保持不变。

(4)基本物理指标和试样颗粒成分如表 2-4 和表 2-5 所示。试样细粒、黏粒含量较高,颗粒组成较差,塑性指数 I_p 为 13,干密度 ρ_d 为 $1.56g/cm^3$。

表 2-4　基本物理指标

天然含水率/%	密度/(g/cm³)	液限/%	塑限/%	塑性指数 I_p	液性指数
25.68	1.963	32.9	9.8	23	0.687

表 2-5　颗粒成分分析

不同土粒含量/%				不均匀系数	曲率系数
$d \geqslant 0.075mm$	$d < 0.075mm$	$d < 0.05mm$	$d < 0.005mm$		
17.9	82.1	52.3	9.4	10.4	2.67

2.4.2　试验结果及分析

1. 主应力差-应变曲线

（1）同一含水率、不同围压下的主应力差-应变曲线

同一含水率、不同围压下的主应力差-应变曲线如图所示，由图 2-17 可知，含水率对不同围压下的主应力差值影响较大，随含水率的增加，围压对主应力差的影响显著降低，围压对试样强度的影响也越来越小；越接近饱和含水率，试样强度的降低越明显，主应力差-应变曲线越趋于靠拢。在含水率不大于 23% 时，同一含水率、相同应变条件下，试样主应力差值随围压增加而显著增加；当含水率增加到一定值后，不同围压下的主应力差值随着含水率的增加而趋于接近。

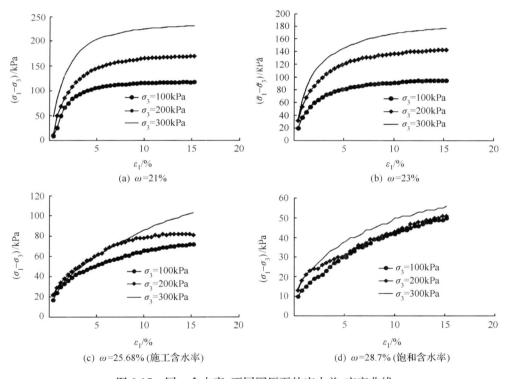

图 2-17　同一含水率、不同围压下的应力差-应变曲线

（2）同一围压、不同含水率下的主应力差-应变曲线

同一围压、不同含水率下的主应力差-应变曲线图所示，由图 2-18 可知，随着含水率的增大，试样主应力差值明显降低。相同围压下，应变较小（ε_1 小于 5%）时，试样的含水率越小，主应力差-应变曲线越陡，切线弹性模量越大，主应力差-应变曲线的硬化特征越明显，破坏主应力差值也越大，其抗剪强度越高。在低围压下，

随着含水率的增大,主应力差值降低幅度较均匀;但在高围压($\sigma_3 = 200\text{kPa}$ 和 $\sigma_3 = 300\text{kPa}$)下,含水率达到 25.68% 及饱和后,主应力差值降低幅度较大,主应力差值较低。

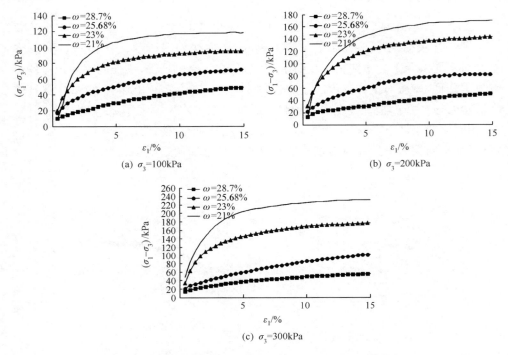

图 2-18　同一围压、不同含水率下的主应力差-应变曲线

因此,在高围压下,试样含水率增大到一定值后,试样的主应力差值降低幅度较大,其破坏主应力差值也大幅降低,试样强度低,更容易破坏。

2. 峰值应力比与含水率 ω 的关系曲线

峰值应力比-含水率的关系曲线如图 2-19 所示,由图 2-19 可知,在同一围压下,峰值应力比随含水率的增加呈线性递减,围压越大,应力比随含水率的增大而递减得越慢;在同一含水率下,峰值应力比随围压的增加而明显降低,围压越大,峰值应力比越小。不同围压下的应力比-应变曲线变化趋势基本一致,拟合的直线斜率也基本一致,拟合直线的线性关系式为

$$\sigma_1/\sigma_3 = -8.8356\omega + 4.0131, \qquad \sigma_3 = 100\text{kPa}$$
$$\sigma_1/\sigma_3 = -8.0367\omega + 3.5366, \qquad \sigma_3 = 200\text{kPa} \qquad (2\text{-}1)$$
$$\sigma_1/\sigma_3 = -7.6437\omega + 3.3525, \qquad \sigma_3 = 300\text{kPa}$$

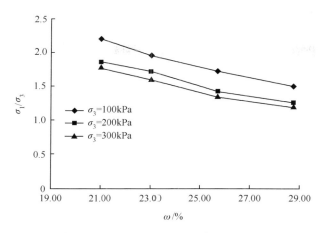

图 2-19　峰值应力比-含水率关系曲线

3. 峰值强度与含水率的关系研究

峰值强度-含水率的关系曲线如图 2-20 所示,由图 2-20(a)可知,试样峰值强度受含水率影响较大,在同一围压下,峰值强度随水率的增大而降低。较低围压时,各含水率下的峰值强度增加幅度不大;高围压时,随着围压的增大,峰值强度随含水率的增加明显降低,降低幅度较大;随着含水率的增加,峰值强度随围压增大而增大的趋势不明显,含水率越小,峰值强度随围压增大而提高的幅度越大。由图 2-20(b)可知,在同一围压下,随含水率的增加,试样峰值强度降低幅度较大,围压越大,峰值强度降低幅度越大。峰值强度随含水率的增加而降低,达到较高含水率后,各围压下试样的峰值强度趋于一致;在饱和含水率时,不同围压下的峰值强度大致相等,这与饱和黏土三轴不固结不排水剪切试验的内摩擦角为零相吻合。

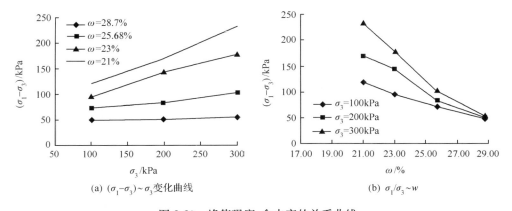

(a) $(\sigma_1-\sigma_3)\sim\sigma_3$ 变化曲线　　　　　　　　(b) $\sigma_1/\sigma_3\sim w$

图 2-20　峰值强度-含水率的关系曲线

4. 不同含水率试样的强度参数 c 和 φ

1) 不同含水率试样的强度参数 c

黏聚力 c 随含水率 ω 的增大而减小的速率降低,达到饱和含水率时,拟合直线的线性关系式为

$$\lg c = -43.09\omega + 36.47 \tag{2-2}$$

即黏聚力的对数值与含水率呈负线性相关关系。

2) 不同含水率试样的强度参数 φ

强度参数-含水率的关系曲线如图 2-21 所示,由图 2-21 可知,含水率对试样强度的影响较大。随含水率增大,试样含水率对该粉质黏土的内摩擦角影响也越大,内摩擦角与含水率大致呈线性递减关系,随含水率的增大,摩擦角不断减小。其本质原因(胡昕等,2009;龙玉民,2012)有以下 3 点:①土的内摩擦角与土的颗粒结构、大小及密实度密切相关,对于细粒含量高(占 82.1%)的粉质黏土,含水量变化容易引起土粒密实度的显著变化;②含水率增大时,水在土颗粒间形成水膜,加强了颗粒间的润滑作用,同时使某些试料颗粒产生软化,骨料间的咬合作用减小,从而使内摩擦角减小;③由于结合水具有一定的固体性质,随着水膜的增厚,离土粒较远的水越来越接近于液态水,直到变成自由水,所以水越多,其润滑作用越强,土体的内摩擦角越小。

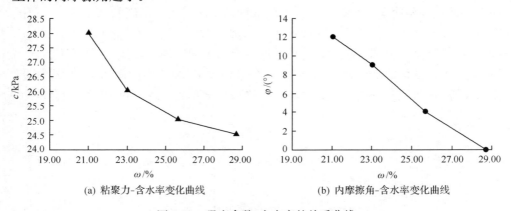

(a) 粘聚力-含水率变化曲线　　　　　(b) 内摩擦角-含水率变化曲线

图 2-21　强度参数-含水率的关系曲线

2.5　动强度试验及分析

2.5.1　试验方案

试验采用扰动土样进行动强度(液化)试验和动弹模试验。动强度(液化)试验

采用饱和砂样,根据工程项目要求,对新近系饱和砂样进行了固结不排水动强度试验。试样均为重塑圆柱样,尺寸为 $\Phi 39.1\text{mm} \times 80\text{mm}$,采用单相励磁振动,施加正弦波形荷载,振动频率为 1Hz,等应力幅循环加载。砂样的最优含水率为 18%,根据天然密度、最大干密度和最小干密度确定三个干密度 ρ_d 为 1.5g/cm^3、1.6g/cm^3、1.65g/cm^3(对应的相对密实度 D_r 分别为 0.57,0.83,0.95),分别进行制样,试样制备与静三轴试验相同,再按固结比 k_c 为 1,在初始固结围压 σ_3 为 50kPa、100kPa、200kPa 或 100kPa、200kPa、300kPa 下进行固结,固结完成后开始动剪切试验。大量试验表明,饱和松砂的取孔压标准和变形标准是完全一致的(邓亚虹等,2012;曹久亭等,2014),在一般地震作用频率范围内(1.0~4.0Hz),振动频率对抗液化强度、动弹性模量等参数的影响不大,对孔压和能量损失的影响也较小,可以忽略。试验控制标准如下。

(1)饱和控制:对安装好的砂试样进行反压饱和,当孔隙水压力增量(Δu)与周围压力增量($\Delta \sigma_3$)之比大于 0.98 时,认为试样达到饱和状态。

(2)固结控制:试样饱和完成后,固结比 k_c 为 1。各向等压固结的稳定标准是排水阀关闭 5min 后,孔压值不再上升。

(3)荷载控制:大量试验证实,试验波形频率为 1Hz 时的试验结果与实际更为接近,故本试验选择施加频率为 1Hz 的正弦波。

(4)破坏标准:采用轴向应变 ε_d 为 5% 和孔隙水压力等于围压的双重破坏标准。

(5)试验结果处理:考虑到砂样在室内进行动强度试验时其振动受力状态与实际地震有差异,对应密实度下的动剪应力 τ'_f(取动应力 σ_f 的 1/2,σ_f 是应变达到 5% 时所对应的轴向动应力值)乘以修正系数 C_r($C_r = 0.6$),得到修正后的动剪应力 τ_f,然后绘制动剪切力 τ_f 与振动次数 N 的关系曲线,即动强度曲线;将不同振动次数 N_f 下的 τ_f/σ_3 绘制表格,根据 Seed(1983)的经验数值,求出地震烈度Ⅶ对应的等效破坏,振动次数为 5 次时相应的动剪切力 τ_f,并绘制动强度摩尔圆,求出动黏聚力 C_d 和动摩擦角 φ_d(务新超,2002)。

2.5.2　试样破坏形式

动强度试验试样的破坏形式如图 2-22 所示,主要有压缩破坏和拉伸破坏。压缩破坏时试样中部鼓胀,见图 2-22(b);拉伸破坏时试样中部收缩,两端较粗,见图 2-22(c);有时候表现不明显,见图 2-22(d),此时可根据瞬时极限平衡法则判断试样破坏是在拉半周还是压半周时发生(吴世明,2000)。试验中试样多产生拉伸变形,这与仪器施加动荷的方式有一定关系:轴向动荷载由试样底座下方的驱动螺杆施加,施加压应力时底座上抬,试样压缩导致刚度增大,底座上移较小距离即可达到设定的压应力值;施加拉应力时底座下降,试样被拉伸,刚度相对减小,底座需下降较多距离才能达到相同的拉应力值。因此在动荷载对称时,试样易产生拉伸变形,拉伸变形是对橡皮膜的拉伸,并不能真正体现砂土的特性,不具备实际意义(黄博等,2011)。图 2-22(e)中,试样在某一截面处急剧收缩,有明显的收缩、错动痕迹,试验失败,原因有两方面:一是试样本身,制样时试样不均匀,或安装试样时试样发生扰动,造成一定的结构破坏,对试验结果造成影响;二是橡皮膜漏气,气压进入试样内部冲击所致。

(a) 动三轴标准试样　　　　(b) 试样压缩破坏　　　　(c) 试样拉伸破坏

(d) 动强度正常破坏试样　　　　(e) 动强度非正常破坏试样(试验失败)

图 2-22　砂试样动强度试验破坏形式

2.5.3　动强度特性

1. 不同密实度 D_r、不同初始固结围压下的 τ_f-N_f 的关系曲线

不同初始固结围压 σ_3 对 τ_f-N_f 的关系曲线的影响见图 2-23,由图可知,动强度曲线符合线性关系,且 τ_f 随着 σ_3 的增大而增大,当 σ_3 为 200kPa 时,则 τ_f 值有较大提高。相同密实度、同一初始固结围压下的动强度曲线在半对数坐标系中可用直线很好地拟合,相关系数大于 98%,即土样性质相同,固结条件亦相同。τ_f 与 N_f 呈负线性相关关系,τ_f 越小,破坏时所需 N_f 越大,且不同围压下的动强度曲线近乎平行。

2. 同一密实度、不同初始围压下的 τ_f/σ_3-N_f 关系曲线

相同密实度下的 τ_f/σ_3-N_f 关系曲线如图 2-24 所示,由动强度曲线的拟合结果分析可得,对同一密实度的试样,各个围压下均有 $\tau_f=-aN_f+b$,并且 a 值的大小与密实度有很大关系;动剪应力比 $\dfrac{\tau_f}{\sigma_3}=-\dfrac{a}{\sigma_3}N_f+\dfrac{b}{\sigma_3}$,当固结围压 σ_3 一定时,则

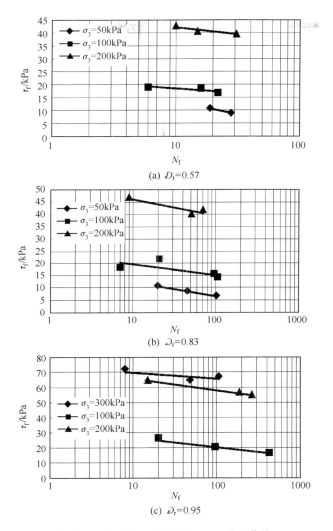

(a) D_r=0.57

(b) D_r=0.83

(c) D_r=0.95

图 2-23　相同密实度下的 τ_f-N_f 关系曲线

$\dfrac{\tau_f}{\sigma_3} = -AN_f + B$（A、B 均为大于 0 的常数），$\tau_f/\sigma_3$ 随 N_f 的增加呈线性递减，即振动次数越大越容易发生液化；相同 N_f 下，由于各个围压下的 a、b 值不同，所以 τ_f/σ_3 与初始围压的变化没有确定的关系。虽然 τ_f/σ_3-N_f 曲线不具有良好的归一性，但在相同振动次数时，不同围压下的动剪应力比相差并不大；在等压固结条件下，固结压力对动剪应力比的影响均不超过 0.1，说明固结围压对动剪应力比影响不大，与文献（陈敬松等，2006）结论一致，可以根据动剪应力比判断自由场地中砂土在动荷载作用下能否发生液化。

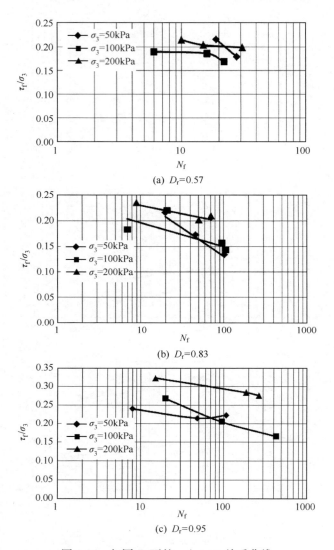

图 2-24　相同 D_r 下的 τ_f/σ_3-N_f 关系曲线

　　密实度 D_r、初始固结围压 σ_3 和动剪应力比 τ_f/σ_3 列于表 2-6，由表可知，在某一标准(如 $\sigma_3=100\text{kPa}$，固结比 $K_c=1$，破坏振次 $N_f=20$，$\varepsilon_d=5\%$，振动频率 $f=1\text{Hz}$)下，动剪应力比随着 D_r 的增大而增大。

表 2-6　不同 D_r、σ_3、N_f 下的 τ_f/σ_3

D_r	σ_3/kPa	τ_f/σ_3		
		$N_f=5$	$N_f=10$	$N_f=20$
0.57	50	0.272	0.251	0.211
	100	0.193	0.187	0.175
	200	0.214	0.211	0.204
0.83	50	0.223	0.218	0.208
	100	0.205	0.202	0.197
	200	0.234	0.231	0.227
0.95	50	0.249	0.248	0.246
	100	0.324	0.323	0.321
	200	0.233	0.233	0.231

3. 相同围压、不同密实度对 τ_f-N_f 关系曲线的影响

相同围压、不同密实度对 τ_f-N_f 关系曲线的影响如图 2-25 所示,由图 2-25 可知,相同围压、不同密实度试样的动强度曲线均呈线性相关关系,试样的密实度越大,其动强度就越大,即相同振动次数 N_f 时,密实度大的试样破坏所需的动剪应力 τ_f 越大。

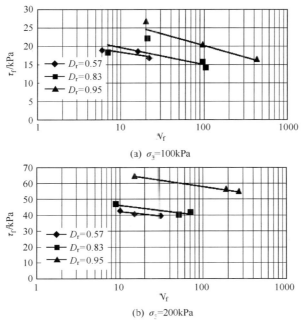

(a) σ_3=100kPa

(b) σ_3=200kPa

图 2-25　相同围压、不同密实度对 τ_f-N_f 关系曲线的影响

4. 相同密实度下的 τ_f-σ_3 关系曲线

试验中设定 N_f 分别为 5,10,20 时,τ_f-σ_3 的变化关系如图 2-26 所示。N_f 一定时,τ_f 与 σ_3 呈正相关性;在同一 σ_3 下,D_r 越大,各个破坏振次 N_f 对应的 τ_f 越接近,反过来讲就是 D_r 越大,τ_f 的微小变化就会引起破坏振次很大的变化,即此时试样破坏受振动荷载的影响很大。引黄入洛工程施工现场饱和砂的密实度很大,因此受振动荷载的影响很大,在振动荷载变化时,很容易发生液化,这就要求施工时严格控制振动荷载。

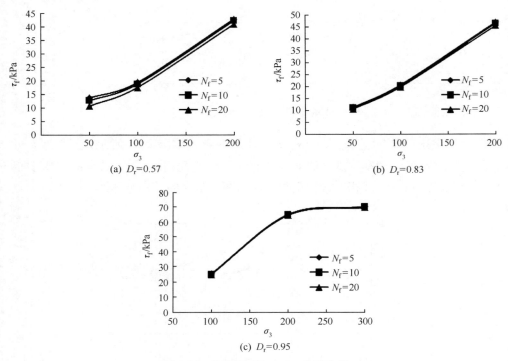

图 2-26　相同 D_r 下,τ_f-σ_3 关系曲线

5. 动强度指标 C_d 和 φ_d

在每个密实度下的 τ_f-N_f 关系曲线上,分别截取 3 个不同初始固结压力作用下 N_f 为 5 次时对应的 τ_f,在 τ-σ 坐标系中,以 $(\sigma_3+\tau_f)$ 为圆心,以 τ_f 为半径,绘制总应力圆剪切强度包线,得 N_f 为 5 次时对应的动黏聚力 C_d 和动摩擦角 φ_d。同理,依次得到振次 N_f 为 10 次、20 次时对应的 C_d、φ_d,见表 2-7。由表 2-7 可知,动黏聚力 C_d 为 0 时,动摩擦角 φ_d 随 D_r 增大而明显增大;D_r 相同时,不同 N_f 所对应 φ_d 略有不同,随 N_f 增加 φ_d 有减小的趋势。φ_d 与 N_f、D_r 的关系见图 2-27,由图 2-27 可以

看出，φ_d 随 N_f 增加而减小，在 D_r 较小时，φ_d 受 N_f 的影响随 D_r 的增大而减小。

表 2-7 动强度指标 C_d、φ_d

D_r	C_d/kPa			φ_d /(°)		
	$N_f=5$	$N_f=10$	$N_f=20$	$N_f=5$	$N_f=10$	$N_f=20$
0.57	0	0	0	10.1	10.0	9.8
0.83	0	0	0	10.9	10.8	10.8
0.95	0	0	0	11.5	11.5	11.4

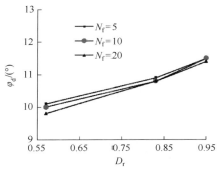

图 2-27 φ_d 与 N_f、D_r 的关系

2.5.4 动应变特性

振动荷载作用下土的变形主要有弹性变形和塑性变形。在发生大幅应变的情况下，地基、各种水工构筑物及部分土工建筑物都有可能因土体强度的减小、变形的增大而发生失稳破坏，这对易发生振动液化的饱和砂土来说更是一个突出问题（李广信，2004；靳建军和张鸿儒，2006；黄思杰等，2014）。振动不排水循环三轴试验可以用来研究新近系饱和砂在大应变幅（$10^{-4} \sim 10^{-2}$）下的应力-应变特性。

1. 典型动强度试验时程曲线

由动强度（液化）试验可以直接得到饱和砂试样的动孔压 U_d、动应力 σ_d、动应变 ε_d 的时程曲线，它们是进行动三轴试验结果分析的基础。试样编号为 0.83-200-240，0.83 表示试样密实度为 0.83，200 表示等压固结压力值为 200kPa，240 表示施加的轴向动力为 240N（类似编码均以此类推，下同）。

典型动三轴试验曲线以试样 0.83-200-240 为例，如图 2-28 所示，由图可知，振动初期，动孔压波动小、发展快；随振动次数的增多，动孔压波动幅度变大，峰值孔压继续增长，最后趋于稳定。动孔压并非与动应力同步发展，而是表现出滞后性。动应力时程曲线的衰减现象说明，随着动孔压的发展，试样所受的实际动应力与理

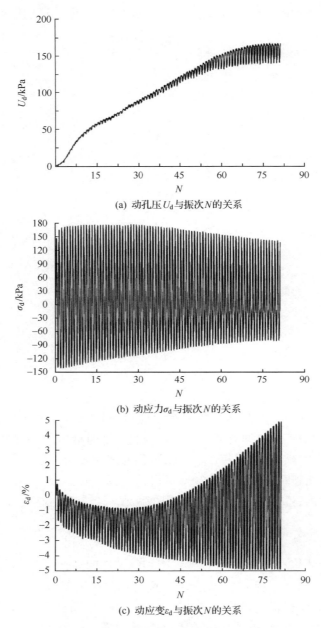

(a) 动孔压 U_d 与振次 N 的关系

(b) 动应力 σ_d 与振次 N 的关系

(c) 动应变 ε_d 与振次 N 的关系

图 2-28　典型动强度试验曲线

论动应力产生差异,而这正是由于液化过程中压应变逐步得到积累而造成的。动应变在振动初期波动小,随振动次数的增多,动应变幅越来越大,动孔压和动应变都表现出循环活动性。

2. 应力应变滞回圈

1) 密实度 D_r 对滞回圈的影响

图 2-29 为新近系饱和砂动三轴固结不排水试验的应力-应变曲线,试验的循环应力比(cyclic stress ratio,CSR)为 0.350。由图 2-29 可知,在施加动荷载的前几周,滞回曲线近似为菱角形,曲线较密集,应变均较小,长轴垂直于应变轴,滞回圈所包含的面积较小,说明土体在此阶段主要发生弹性变形,耗能不大。随着试验的进行,曲线变得疏松,应变发展较快,滞回圈逐渐倾斜,形状发生很大的变化,图形的长轴最后与坐标横轴大致平行,所包含的面积也逐渐增大,说明土体累积塑性应变增长较大,耗能逐渐增大。因此,最大轴向应力随应变的增大均发生了衰减。

对比图 2-29 中 3 个图可知,试样密实度 D_r 越大,应变 ε_d 达到 5% 时所需的循环次数越多,滞回圈越密集,即均压固结下的密砂在初始加荷的一段时间内,轴向应变 ε_d 仅有极小增长,随着循环次数的增加,变形速率开始增大,但增加较为缓慢,即饱和密实砂需要施加多次循环作用才能产生大的变形,相对而言不易发生破坏。

当施加的动荷载恒定时,随着循环周数的增加,变形越来越大,滞回圈的中心不断朝着同一个方向移动,最大轴向力发生衰减,滞回圈中心的变化反映出土对荷载的累积效应,它产生于土体结构不可恢复的塑性应变破坏。

2) 初始固结压力 σ_3 对滞回圈的影响

以密实度 D_r 为 0.83 的试样在各个围压 σ_3 下的滞回曲线为例,其应力-应变曲线如图 2-30 所示。干密度相同时,各个围压下的滞回圈形状变化大致相同,只是围压越大,试样轴向拉应变(为负)表现得更明显。在初始固结压力 σ_3 分别为 50kPa、100kPa、200kPa,轴向压应变 ε_d 运到 5% 时,轴向拉应变分别为 2.7%、4.6%、4.9%。初始固结压力 σ_3 越小,随着轴向应变 ε_d 的发展,滞回圈的中心越向轴向正应变的方向发展,累积塑性应变越明显。由图 2-30 可以看出,同等轴向应变时,初始固结压力越大,滞回圈的面积越大,说明变形时克服内摩擦作用消耗的能量越多,试样的阻尼越大。

3. 峰值动应力 σ_d 与动应变 ε_d 的关系曲线(即骨干曲线)

1) CSR 对骨干曲线的影响

绘制骨干曲线需要得到滞回圈顶点的动应力 σ_d、动应变幅值 ε_d。以试样 0.83-50、0.57-100 为例,绘制骨干曲线如图 2-31 所示,同一密实度 D_r、不同 CSR 下的试样骨干曲线形态均呈直线,且大致平行。动应力 σ_d 与动应变 ε_d 呈负线性相关关系,CSR 较大的骨干曲线,σ_d 的值也较大。

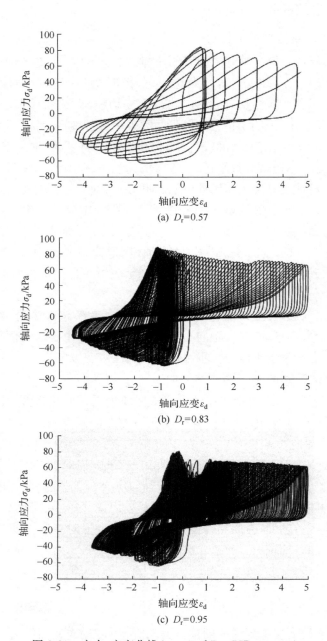

(a) D_r=0.57

(b) D_r=0.83

(c) D_r=0.95

图 2-29　应力-应变曲线(σ_3＝100kPa,CSR＝0.350)

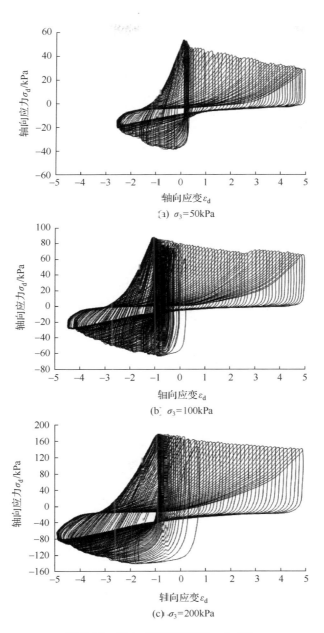

(a) $\sigma_3 = 50\text{kPa}$

(b) $\sigma_3 = 100\text{kPa}$

(c) $\sigma_3 = 200\text{kPa}$

图 2-30　应力-应变曲线 $(D_r = 0.83)$

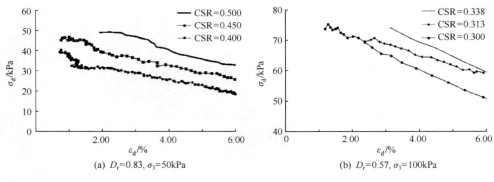

(a) $D_r=0.83$, $\sigma_3=50\text{kPa}$　　　　　　　(b) $D_r=0.57$, $\sigma_3=100\text{kPa}$

图 2-31　骨干曲线(一)

2)密实度 D_r 的影响

图 2-32 中,相同初始固结围 σ_3、同一 CSR 下,不同 D_r 试样的骨干曲线形态均呈直线,且大致平行,D_r 较大的试样的骨干曲线,动应力值 σ_d 也越大。

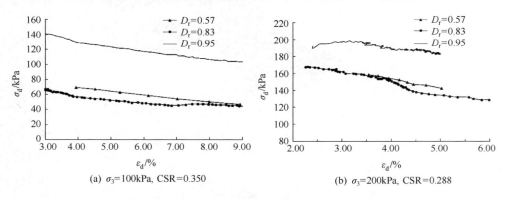

(a) $\sigma_3=100\text{kPa}$, CSR=0.350　　　　　　(b) $\sigma_3=200\text{kPa}$, CSR=0.288

图 2-32　骨干曲线(二)

4. 应变时程曲线

1)动应变发展规律

土体的应变历经轻微变化、明显变化和急速变化三个发展阶段,即振动压密阶段、剪切阶段和振动破坏阶段。图 2-33 为密实度 D_r 为 0.83 的试样在围压分别为 50kPa、100kPa、200kPa 及不同 CSR 时,动应变 ε_d 与循环振次的关系曲线。从图 2-33 可知,存在一临界动应变,当试样应变小于该临界动应变时,动应变 ε_d 振幅较小,发展缓慢,土体的变形主要是颗粒的上下位移引起的弹性变形;随着振动次数增加,当动应变达到临界动应变之后,土体累积塑性变形迅速增大,孔压急剧上升并接近于围压 σ_3,强度突然降低,饱和砂试样遭到破坏。

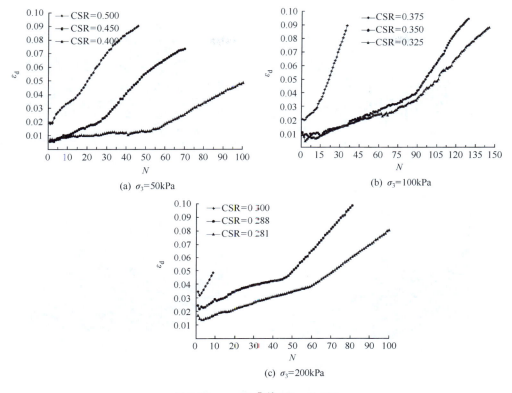

图 2-33　　ε_d-N 曲线(D_r=0.83)

由图 2-33 可以看出,有效围压较大时,临界动力强度也相对较大。CSR 对动应变的发展有显著的影响,相同试样在围压及振动频率相同时,随 CSR 增大,动应变的发展加快,振动压密阶段和剪切阶段变短,较快进入振动破坏阶段。

2) CSR 对动应变时程曲线的影响

图 2-34 为各种密实度的试样在不同 CSR 下(即施加不同的动荷载)的应变时程曲线,曲线均呈喇叭状散开。由图 2-34 可知,试样受施加动荷载的影响显著,试样从施加动荷载开始发生变形,累积效应比较明显,随施加动荷载的增加累计变形量增大,当施加动荷载达到一定值时,累积变形量达到破坏变形标准值(ε_d=5%)。对同一密实度、相同围压的试样施加的 CSR 越大,试样动应变发展越快,动应变幅越大,达到同一应变标准时所需振动的次数越少,越容易发生破坏(本试验破坏标准之一为轴向应变 ε_d 达到 5%)。拉应变为负,压应变为正,密实度小的试样在较低围压下的压应变比拉应变发展快,试样最终呈现压应变破坏(见图 2-34(a)、图2-34(b)),密实度较大的试样在较高围压下的拉应变发展较快,最终为拉应变破坏(见图 2-34(c))。

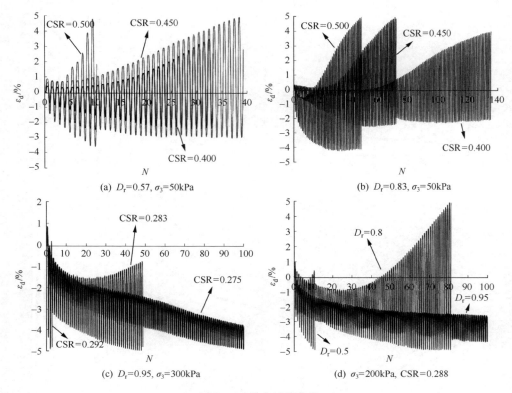

图 2-34　应变时程曲线

3）密实度 D_r 对动应变时程曲线的影响

如图 2-34（d）所示，当 CSR 相同时，试样的密实度 D_r 越小，动应变发展越快，波动越大，试样也最先达到破坏。CSR＝0.288 时，D_r＝0.57 的试样振动 10 次达到破坏，D_r＝0.83 的试样振动 80 次达到破坏，而 D_r＝0.95 的试样振动 100 次时还未达到破坏（试验结果显示振动 5643 次时才达到破坏时的应变），由图 2-34（a）、图 2-34（b）也能得到相同的结论。

5. 轴向动应力 σ_d 的发展规律

1）CSR 对轴向动应力 σ_d 的影响

以 0.83-50 为例，等副循环应变作用下的 σ_d-N 关系曲线如图 2-35 所示，随着循环次数 N 的增加，轴向动应力幅值均发生缓慢下降，且 CSR 越小，轴向动应力 σ_d 幅值下降的速率也越慢。由图 2-35（a）可知，CSR 较大时，轴向动应力在循环 40 多次后试验就基本停止，试样破坏。CSR 越大，试样破坏时的轴向应力就越大，这一点与动强度曲线得到的结论是一致的。

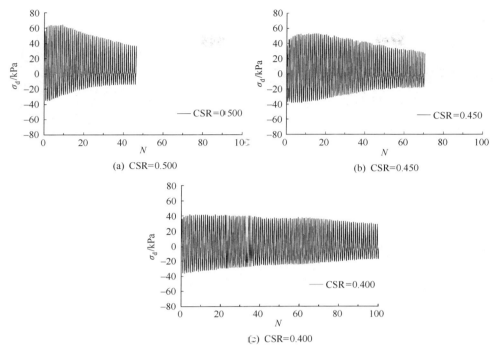

图 2-35　动应力与振次 N 的关系

2）密实度 D_r 对轴向动应力的影响

以试样固结压力为 200kPa、CSR 为 0.288 时的动剪切试验为例，等幅循环应变作用下的轴向动应力与循环次数 $\lg N$ 的关系曲线如图 2-36 所示。当密实度 D_r 较大（$D_r=0.95$）时，随着循环次数 N 的增加，轴向动应力的振动幅值随振次 N 增加而减小很慢，几乎是一个常量；当密实度 D_r 减小时，轴向动应力幅值均发生缓慢下降，密实度 D_r 越小，轴向动应力幅值下降的速率越快，这是因为密实度 D_r 较小的试样动强度较低，产生的变形较大，消耗更多的能量，因此动应力衰减较快。

2.5.5　孔隙水压力增长特性

动强度液化试验除了研究液化土体的动强度、动应变之外，其动孔隙水压力的发展变化规律也是一项重要的研究内容。饱和砂土液化是在一定条件下由于动荷载作用，孔隙水压力增长，最终有效应力完全丧失的结果。

目前，关于孔压发展规律的研究模型主要有孔压应力模型、孔压应变模型、能量模型、内时模型等，以往的大部分研究成果仅是对实验现象的描述和对实验数据的简单拟合，对饱和砂动孔压的演化机理缺乏深入研究。近年来，随着研究的深入，将动孔压与动应力直接建立联系的思想成为动孔压演化研究的一个新方向（王

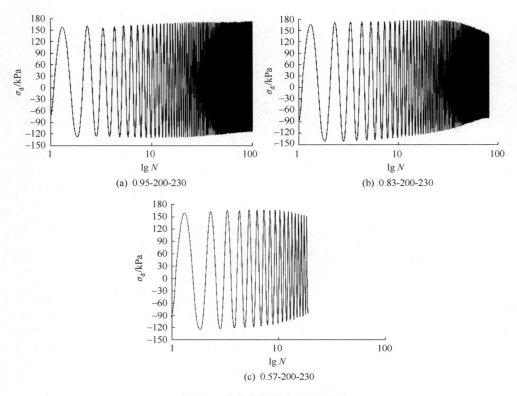

图 2-36　动应力与振次 N 的关系

艳丽和王勇,2009)。本研究从孔隙水压力的演化机理出发,对饱和砂振动液化过程中的剪胀、剪缩、卸荷体缩等体积变化过程进行详细的分析,并以此为基础,研究液化进程中动孔压的发展规律。基于试验结果,寻求一种等压固结条件下更精确的孔压应力模型,并为抗震稳定性分析提供依据。

1. 孔隙水压力 U_d 的发展阶段

试样 0.83-200-230 的孔压时程曲线如图 2-37 所示,可看出随动荷载循环次数的增加,孔压迅速增大,最后增长缓慢,逐渐趋于稳定。

但对曲线放大发现,新近系饱和砂的孔隙水压力时程曲线表现出与其他类型饱和砂常规动三轴试验不同的特性,以试样 0.83-200-230 为例,通过大量的试验对比分析,将新近系饱和砂的孔隙水压力变化分为三个阶段(周健等,2011)。

阶段 I,每个振动周次中孔压频繁起伏,孔压发展曲线呈锯齿状,整体呈直线上升趋势(见图 2-38)。刚施加循环荷载时,砂土在振动力作用下,颗粒出现相对滚动与滑动,剪胀与剪缩同时存在,表现为在任何时刻的任何区域剪胀与剪缩交替发生,动孔压波动较小。当剪缩占据统治地位时,孔压出现锯齿峰,当主要发生剪

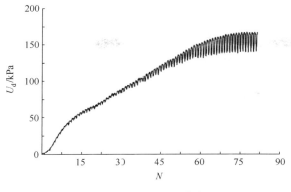

图 2-37 孔压时程曲线

胀时,孔压出现锯齿谷。从图 2-38 来看,振动初期,新近系饱和砂土的体变整体以剪缩为主,孔压逐渐上升。

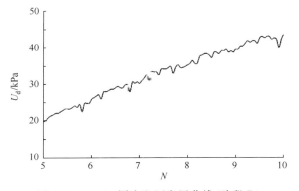

图 2-38 5~10 周次孔压发展曲线(阶段Ⅰ)

阶段Ⅱ,孔压随循环荷载的波动变化具有明显的周期递增性,一个振次为一个变化周期,总体仍呈上升趋势(见图 2-39)。在荷载作用下,试样发生弹性应变和塑性应变,弹性应变随荷载的变化而变化,引起的孔压变化也呈正弦曲线波动。而塑性应变随振动周次的增加而逐渐累积,引起的孔压变化整体也呈上升趋势。

阶段Ⅲ,孔压发展呈正弦曲线变化,曲线平滑,波谷不再上升,具有明显的周期性,一个周次为一个周期(见图 2-40)。这是因为经过多次振动,土颗粒的变化趋于稳定,剪胀剪缩呈现一定的规律,当剪胀与剪缩持平时无塑性体应变产生,因此,残余孔压不再增长,但孔压总体波动较大。

其他类型饱和砂常规动三轴试验的孔压发展如图 2-41 所示(王星华和周海林,2001),从刚施加动荷载开始,动孔压就呈正弦曲线变化,一个振次为一个变化周期,孔压大致稳定时波峰处出现凹槽,曲线没有上述的阶段Ⅰ、阶段Ⅱ、阶段Ⅲ,但总体发展趋势与新近系饱和砂是一致的。

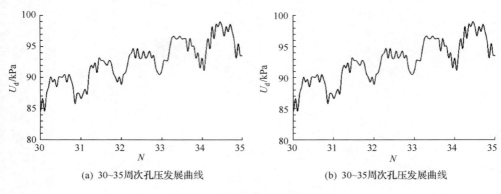

(a) 30~35周次孔压发展曲线　　　　　(b) 30~35周次孔压发展曲线

图 2-39　孔压发展曲线（阶段Ⅱ）

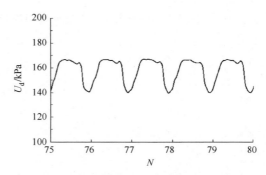

图 2-40　75～80 周次孔压发展曲线（阶段Ⅲ）

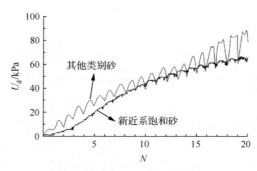

图 2-41　孔压发展曲线对比

2. 动孔压发展的影响因素分析

1）初始固结压力 σ_3 对动孔压 U_d 的影响

对在不同初始固结压力 σ_3（50kPa、100kPa、200kPa）下的同一密实度试样（以 $D_r=0.83$ 为例），以相同循环应力比、相同频率振动波形进行动强度液化试验，试验结果如图 2-42 所示，施加相同的循环应力比，孔压发展曲线相似，初始固结压力较大时,动孔压 U_d 波动较大,发展较迅速。图 2-43 为不同初始固结压力 σ_3 下的动孔压比曲线(U_d/σ_3-N/N_f 曲线),各条曲线都比较接近,因此等压固结条件下,各个围压下的 U_d/σ_3-N/N_f 曲线均能很好地作归一化处理,固结压力对其影响很小。

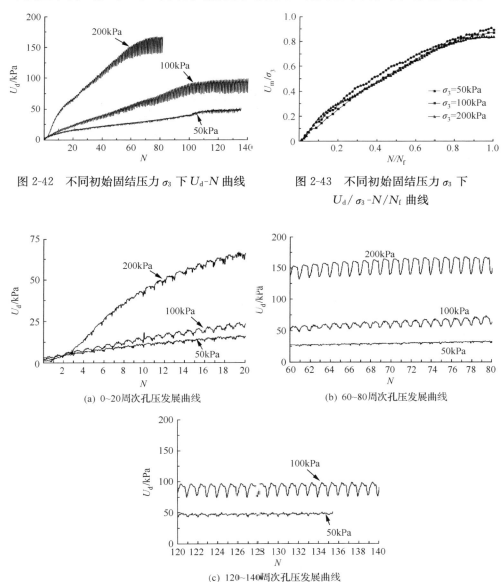

图 2-42　不同初始固结压力 σ_3 下 U_d-N 曲线　　　　图 2-43　不同初始固结压力 σ_3 下 U_d/σ_3-N/N_f 曲线

(a) 0~20周次孔压发展曲线

(b) 60~80周次孔压发展曲线

(c) 120~140周次孔压发展曲线

图 2-44　不同固结围压下的孔压 U_d 的发展曲线

将图 2-42 放大,如图 2-44 所示,初始围结压力 σ_3 的大小将直接影响液化时孔压 U_d 的发展阶段,3 个固结压力下的动孔压 U_d 在 20 周次内都历经了阶段 Ⅰ、阶段

Ⅱ,其中阶段Ⅰ时间较短,几乎同时进入阶段Ⅱ。图 2-44(b)中,200kPa 固结压力下的孔压发展已近乎稳定,达到阶段Ⅲ;100kPa 固结压力下的孔压发展在 60～80 振动周次内已由阶段Ⅱ发展到阶段Ⅲ;50kPa 固结压力下的液化过程中的孔压发展仍处于阶段Ⅱ,甚至在饱和砂液化(峰值孔压 $U_m = \sigma_3$)、峰值孔压 U_m 稳定不再增长时(120～140 周次),曲线形态仍处于阶段Ⅱ。100kPa 固结压力下的孔压发展在 120～140 振动周次内孔压峰值也达到了围压值,孔压发展曲线有明显的波谷,波峰微呈锯齿状,处于向阶段Ⅲ的过渡阶段。综上,固结围压 σ_3 为 50kPa 时,孔压 U_d 发展历经阶段Ⅰ、阶段Ⅱ;固结围压 σ_3 为 100kPa 时,孔压 U_d 历经阶段Ⅰ、阶段Ⅱ,发展到向阶段Ⅲ的过渡阶段;固结围压 σ_3 为 200kPa 时,U_d 发展历经阶段Ⅰ、阶段Ⅱ、阶段Ⅲ。初始固结压力越大,初始液化时孔压的发展阶段越完整。

2) 密实度 D_r 对动孔压 U_d 的影响分析

图 2-45、图 2-46 为 $\sigma_3 = 100$kPa、CSR=0.350 和 $\sigma_3 = 200$kPa、CSR=0.288 时 3 种不同密实度试样的动孔压及动孔压比随循环次数 N 的变化情况。由图 2-45 可知,不同密实度试样的动孔压发展曲线明显不同,但总的发展趋势相似。密实度较小的试样,孔压上升得较快,越容易发生液化。图 2-45(a)中,密实度 D_r 为 0.57 的试样在循环次数 N 为 10 时发生液化,密实度 D_r 为 0.83 的试样在 N 为 200 时发生液化,而密实度 D_r 为 0.95 的试样在 N 为 800 时孔压 U_d 为 80kPa,破坏时没有达到初始液化标准(初始液化标准是在往返荷载作用下,土体内部产生的附加孔隙水压力等于有效侧向压力)。

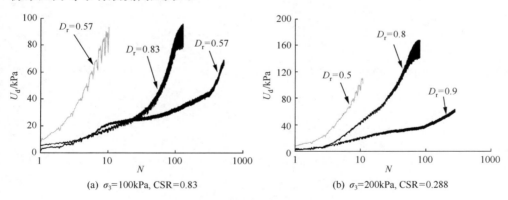

(a) $\sigma_3=100$kPa, CSR=0.83　　　　　　　(b) $\sigma_3=200$kPa, CSR=0.288

图 2-45　不同密实度试样的动孔压特性

图 2-46 为破坏标准 ε_d 为 5% 时,不同密实度试样的动孔隙水压力比 U_d / σ_3 与振次比 N/N_f 的变化关系曲线。试样刚开始振动时,密实度较大的试样,U_d / σ_3 的值较大且增长较快;当发展到一定阶段时,密实度 D_r 为 0.95 的试样动孔压比增大的速度变慢,在 N/N_f 达到 0.8 以后,U_d / σ_3 的值小于其他密实度的试样。这种现象的原因是密实度 D_r 为 0.95 的试样密实度大,刚开始振动时试样密实,动孔压比

值大,在一定循环次数下该密实度的砂样体积回弹膨胀,密实度迅速变小,同时动孔压比减小。

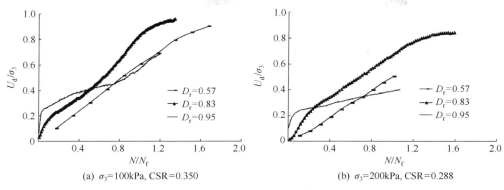

(a) σ_3=100kPa, CSR=0.350   (b) σ_3=200kPa, CSR=0.288

图 2-46 U_d/σ_3-N/N_f 曲线

3) CSR 对动孔隙水压力 U_d 的影响

以试样 0.57-50、0.83-50 为例,如图 2-47 所示,相同围压、施加不同 CSR 时的孔压发展曲线,由图可知,施加的 CSR 越大,振动孔压发展越快,试样越容易发生液化,但 CSR 对 U_d/σ_3-N/N_f 的影响较小。

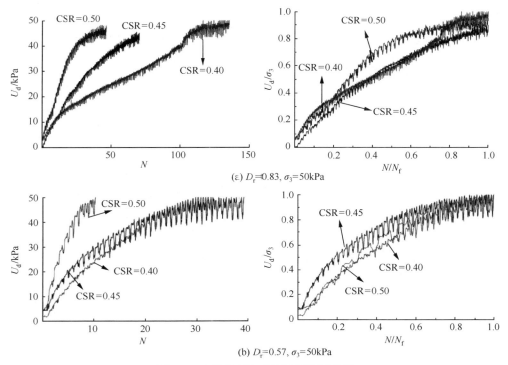

(a) D_r=0.83, σ_3=50kPa

(b) D_r=0.57, σ_3=50kPa

图 2-47   不同 CSR 时的孔压发展曲线

3. 饱和砂振动孔压发展模式的建立

目前,有关动孔隙水压力的发展模型应用较多的是 Seed 应力模型和 Martin-Finn-Seed 应变模型(Martin et al.,2015)。Seed(1983)根据饱和砂的不排水动三轴试验资料提出土体在等压固结条件下常规动三轴试验时的平均振动孔隙水压力应力模型为

$$\frac{u_d}{\sigma_c'} = \frac{2}{\pi} \arcsin \left(\frac{N}{N_f} \right)^{1/2\theta} \tag{2-3}$$

式中,u_d 为平均振动孔隙水压力;σ_c' 为初始有效固结压力;N_f 为达到初始液化时循环荷载的振次;N 为动荷载的循环振次,θ 为试验常数,取决于土的性质和试验条件,而与动应力和固结围压大小无关。

图 2-48 为 Seed(1983)、Martin 等(2015)根据饱和风积砂均等固结不排水条件下的动三轴试验资料,提出计算平均振动孔隙水压力的模型。由图 2-48 可知,随着参数 θ 的变化,曲线形状可归纳为两种模式:一种是当 θ 较小时的"下凹形"单调递增模式;另一种是当 θ 较大时的具有反弯点的"上凸形+下凹形"单调递增模式,两者以 Seed(1983)和 Martin 等(2015)建议的数值 0.7 为界。

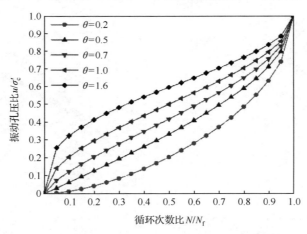

图 2-48　孔隙水压力增长模型

谢定义等(1981)、张建民和谢定义(1990)根据不同地震波序、不同动荷载作用强度、不同土性条件下的饱和砂土不排水振动三轴试验结果,将不同荷载作用下的饱和砂孔压平均增长过程划分为 A、B、C 三种形态,分别代表饱和砂在整个地震时程中前部、中部、后部的孔压发展模型,即

$$\frac{u_d}{\sigma_c'} = 1 - e^{-\beta \frac{N}{N_f}}, \qquad A 型 \tag{2-4}$$

$$\frac{u_{\mathrm{d}}}{\sigma_{\mathrm{c}}'} = \frac{2}{\pi} \sin^{-1} \left(\frac{N}{N_{\mathrm{f}}} \right)^{\frac{1}{2a}}, \qquad \text{B 型} \tag{2-5}$$

$$\frac{u_{\mathrm{d}}}{\sigma_{\mathrm{c}}'} = \left[\frac{1}{2} \left(1 - \cos \pi \frac{N}{N_{\mathrm{f}}} \right) \right]^b, \qquad \text{C 型} \tag{2-6}$$

式中，α、β、b 是试验常数。黄志全等（2014）认为饱和砂在低围压（如 50kPa）时的孔压模型为 B 型，高围压（如 100kPa、200kPa）时的孔压模型为双曲线型，如下式：

$$\frac{u_{\mathrm{d}}}{\sigma_{\mathrm{c}}'} = \frac{\dfrac{N}{N_{\mathrm{f}}}}{a - b \dfrac{N}{N_{\mathrm{f}}}}, \qquad \text{D 型} \tag{2-7}$$

式中，a、b 为试验常数。靳建军和张鸿儒（2006）在偏压固结条件下（固结比 $K_{\mathrm{c}}=1.2$）得到不同围压的振动-孔压归一化曲线，孔压发展表示为 D 型。

利用这四种孔压发展模型对新近系饱和砂的振动-孔压发展曲线进行拟合，如图 2-49 所示。对两种密实度饱和砂试样分别在围压为 50kPa、100kPa、200kPa 的条件下进行 A 型、B 型、C 型、D 型四种孔压模型的曲线拟合，发现拟合的结果很不理想，拟合参数见表 2-8。围压为 50kPa 时的孔压模型与 A 型、C 型、D 型均较符合，用 B 型拟合误差较大；围压为 100kPa 时，孔压模型用 D 型双曲线型拟合较好；围压为 200kPa 时，孔压模型符合 A 型、D 型。总体而言，新近系饱和砂的孔压发展模型都呈 D 型，即均可用双曲线模型来拟合，经对比发现，A 型、B 型拟合曲线更适合孔压发展的前段部分，而孔压发展的中后段曲线大致呈"S"型，用 C 型孔压发展模型拟合较合适。

表 2-8　A 型、B 型、C 型、D 型四种模型拟合度

试样编号	A 型	B 型	C 型	D 型
1.5-50-90	0.9917	0.7910	0.9959	0.9977
1.6-50-100	0.9826	0.7356	0.9888	0.9851
1.5-100-120	0.9224	0.9391	0.9149	0.9958
1.6-100-140	0.9204	0.9083	0.9308	0.9820
1.5-200-220	0.9829	0.6431	−0.3800	0.9986
1.6-200-230	0.9887	0.9476	0.8105	0.9946

对上述孔压发展规律进行分析，综合对比 A 型、B 型、C 型、D 型四种孔压模型，通过建立模型和拟合曲线，得到新近系饱和砂的振动孔压发展新模型：

$$\frac{u_{\mathrm{d}}}{\sigma_{\mathrm{c}}'} = a \left\{ 1 - \mathrm{e}^{-b \frac{N}{N_{\mathrm{f}}}} + \left[\frac{1}{2} \left(1 - \cos \pi \frac{N}{N_{\mathrm{f}}} \right) \right]^c \right\} \tag{2-8}$$

式中，a、b 和 c 是待定的试验系数。利用新建的孔压模型（式 2-8）对上面两种密实

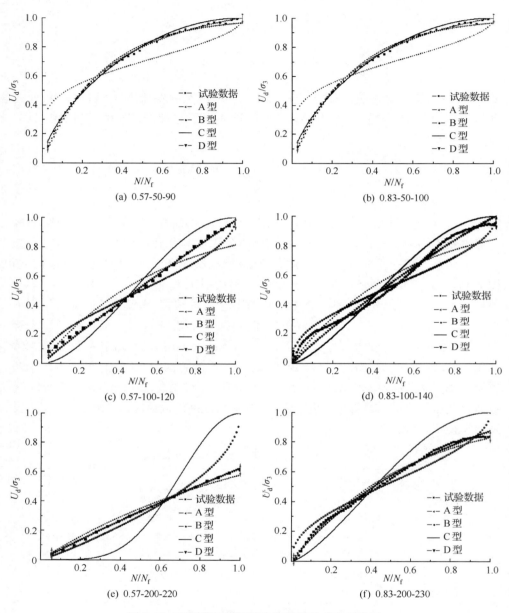

图 2-49 不同孔压模型拟合饱和砂的动孔压发展

度饱和砂试样分别在围压为 50kPa、100kPa、200kPa 时的动孔压进行拟合,拟合的结果较好,如图 2-50 所示。在其他试验条件相同时,不同围压、不同密实度试样的动孔压发展均可用新建的孔压模型进行拟合,拟合的系数如表 2-9 所示,与 D 模型拟合效果相比,新孔压模型与试验数据的拟合度更高。可通过拟合关系式中 3 个

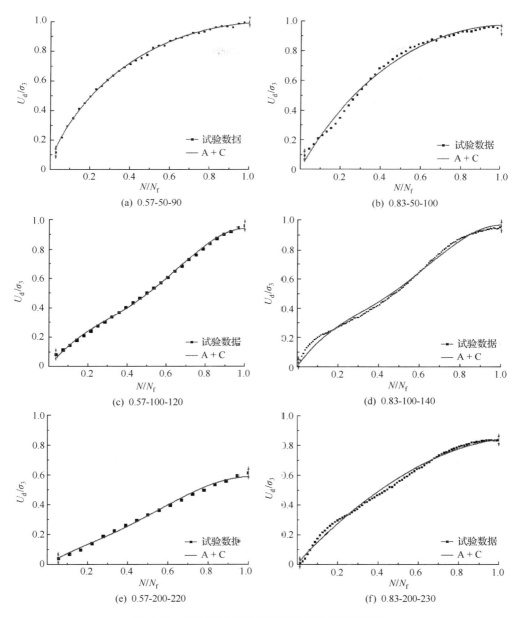

图 2-50　利用新建的孔压模型对动孔压进行拟合

系数的变化,分析有效围压对不同密实度试样的振动孔压发展的影响,图 2-51 为两种密实度($D_r=0.57$ 和 $D_r=0.83$)饱和砂试样新建孔压模型的拟合系数 a、b、c 与有效围压间变化的关系图。

表 2-9　拟合系数 a、b 和 c

试样编号	a	b	c	A+C 新模型拟合度	拟合度比较	D 模型拟合度
0.57-50-90	0.516	−2.505	0.251	0.9984	>	0.9977
0.83-50-100	0.494	−3.486	0.500	0.9928	>	0.9851
0.57-100-120	0.478	−3.433	2.258	0.9986	>	0.9958
0.83-100-140	0.488	−4.038	2.100	0.9950	>	0.9820
0.57-200-220	0.305	−2.630	1.574	0.9956	<	0.9986
0.83-200-230	0.580	−0.598	0.432	0.9944	≈	0.9946

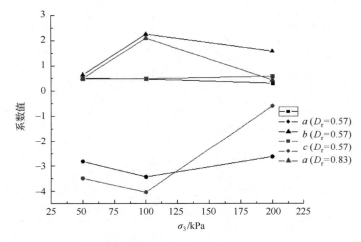

图 2-51　新建孔压模型拟合系数（a、b、c）与有效围压及密实度之间的关系

　　由图 2-51 可知,在其他试验条件相同的情况下,密实度、有效围压对系数 a 的影响甚微,基本不反映有效围压和密实度对试样振动孔压发展的影响;系数 b、c 的值均随有效围压的变化而发生非线性变化,且各密实度试样的变化趋势一样,相同有效围压时密实度越大,b、c 值越小。有效围压为 200kPa 时,系数 b、c 的值在两种密实度试样中变化较突出,此时两种试样振动孔压发展的差异明显,因为有效围压为 200kPa 的情况下,密实度为 0.83 的试样破坏时孔压达到了围压的 90%,而密实度为 0.57 的试样破坏时孔压仅达到围压的 60%。系数 b、c 的变化不仅反映有效围压对孔压发展的影响,而且反映出试验停止时孔压发展的状态。

2.5.6　饱和砂的液化机理

1. 液化机理探究

　　在室内动强度（液化）试验中,动荷载作用初始阶段,砂土结构在动应力作用下进行调整,颗粒间出现小范围的相对滑移与滚动,剪胀与剪缩同时存在,在任何时刻、任何区域均表现为剪缩与剪胀交替出现,动孔压波动较小;当剪缩占据统治地位时,孔压显现锯齿峰,当剪胀占据地位时,孔压出现锯齿谷。振动初期,新近系饱和砂土的体变整体以剪缩为主,孔压逐渐上升(阶段Ⅰ)。循环荷载作用下,试样发生弹性变形、塑性变形,弹性应变随荷载变化而变化,引起的孔压变化也呈正弦曲线波动变化。而塑性应变随振动周次的增加而逐渐累积,引起的孔压变化整体呈上升趋势(阶段Ⅱ)。经过多次振动,土颗粒的变化趋于稳定,剪胀、剪缩呈现一定的规律,当剪胀与剪缩持平时,无塑性体应变产生,因此残余孔压不再增长,但孔压总体波动较大,且在波峰附近出现凹槽(阶段Ⅲ),见图 2-52。

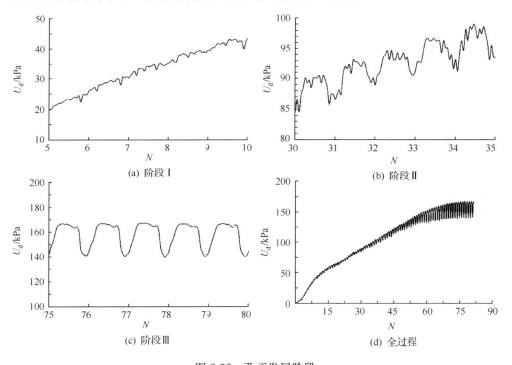

(a) 阶段Ⅰ　　　　　　　　　　　　　　(b) 阶段Ⅱ

(c) 阶段Ⅲ　　　　　　　　　　　　　　(d) 全过程

图 2-52　孔压发展阶段

试样的体胀、体缩直接影响饱和砂的孔压发展,而饱和砂变形直接受动应力的控制,因此,可以从动应力与动孔压的关系入手,探讨新近系饱和砂的液化机理。以 0.83-200-230、0.57-50-80 为例,图 2-53 为孔压曲线出现凹槽时(阶段Ⅲ)的动应力和动孔压之间的对应关系图,由图 2-53 可知,随轴向压应力的增大,饱和砂试样体积收缩,动孔压逐渐增大,随后出现峰值;当轴向压应力继续增加到峰值时,试样孔压开始有小幅度减小,表现出轻微剪胀特性;轴向压应力在达到峰值后开始减小,孔压略有下降,轴向压应力减小为零后,紧接着刚施加轴向拉应力,此时孔压少

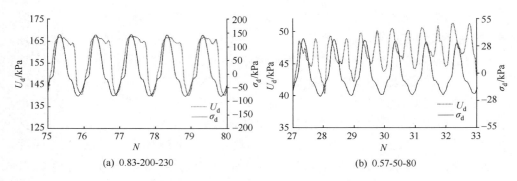

(a) 0.83-200-230　　　　　　　　　(b) 0.57-50-80

图 2-53　动应力与动孔压的对应关系图

许回升达到第二个峰值,这就是饱和砂土在循环剪切过程中所呈现的卸荷体缩特性;随着轴向拉应力逐渐增大,砂土体积开始回胀,使孔压逐渐下降,即饱和砂土在循环剪切过程中所呈现的剪胀特性;待轴向拉应力达到最大时,孔压仍继续下降,在轴向拉应力减小之后孔压跌至波谷,这说明新近系饱和中砂的动孔压的发展变化并不与轴向应力的发展完全同步,而是有一定的滞后性。这种初期加载体缩、后期加载剪胀、卸荷体缩的交替作用,形成了饱和砂土在循环剪切作用下的循环活动性。这就形成了一个振动循环中砂土剪缩—剪胀—卸荷体缩交替出现的现象,而这种循环活动性的出现是由于砂颗粒在振动过程中相互滑移和错动,使砂土的孔隙结构发生变化所致(王艳丽和王勇,2009)。

由图 2-53(a)可知,孔压峰值最终稳定在 166kPa,仅达到固结压力 200kPa 的83%,没有达到初始液化标准,这是因为施加的循环偏应力过小。由图 2-53(b)可知,中密砂具有一定的剪胀性,试样达到初始液化点($U_d = \sigma_3 = 50$kPa)后,孔隙水压力随动荷载的循环作用仍往复变化,不能时刻维持在液化水平,这一现象可称为"瞬时液化",即在循环荷载作用下饱和砂土达到初始液化后,仅在均压时刻满足液化应力条件,随着偏压应力的减小,孔隙水压力下降,有效应力增大,土体抗剪强度重新恢复(刘海强,2013)。

2. 各因素对动力特性的影响

由上述分析可知,试样相对密实度、初始固结压力及施加的 CSR 对其动力特性的影响都很大,试样相对密实度越小,施加的 CSR 越大,动应变及振动孔隙水压力发展越快,试样越容易发生液化;施加相同的 CSR,初始固结压力较大时,动孔压波动较大且发展较迅速。试验中饱和砂的剪胀性受多种因素(相对密实度、固结压力、循环应力比等)影响,这些影响因素使部分饱和砂试样在循环荷载作用下没有达到液化应力条件,但对于中密饱和砂试样来说,只要施加足够大的 CSR,试样就能发生初始液化,且其液化机理均可用上述原理来阐述。

　　3. 施工现场突水涌砂机制

　　施工中掌子面的突水涌砂是由砂围岩的溃砂、渗流和潜蚀作用造成的,其机理可作如下解释。

　　(1)施工开挖后围岩的排水系统受到破坏,造成一些地段水量集中,另一些地段水量减少,这样就增大了某些地段的水力坡度。同时,隧洞穿越的新近系砂围岩段以细粒结构为主,泥质弱胶结,开挖扰动后中下导断面前方砂体多崩解形成饱和松散的砂,这些饱和松散的砂在高水头作用下,易发生塑性流变。掌子面易发生坍塌,部分地段围岩泥质含量较高,掌子面胶结较好,形成相对隔水层,而该掌子面前方一定范围内存在富水性较好的松散砂体,这些松散砂体受到相对隔水层的阻挡,使地下水位较高,抵抗水压力的能力越来越弱。当水力坡度达到或超过溃砂的临界水力坡度时,渗透力或动水压力足以使崩解堆积的砂土颗粒流动,一旦压力过大或再次开挖掌子面时,在施工面的薄弱部位就会出现突发性涌水,继而发展成涌砂。

　　(2)由于溃砂量大于出砂口的排砂能力,部分砂土在出口处堆积,堵塞了涌砂通道,导致排水条件变差。此时,在砂土崩解处的水力坡度小于溃砂的临界水力坡度(仍大于渗流临界水力坡度),不再发生溃砂,但发生渗流破坏。同时,出口处水力坡度开始升高,当其大于渗流的临界水力坡度时也发生渗流破坏。

　　(3)渗流和潜蚀作用带走了出口处的砂土,排水开始畅通。当水力坡度达到或超过溃砂临界水力坡度时,将再次发生溃砂,该过程之后又接着发生渗流破坏。如此不断地发生溃砂—渗流—溃砂,最终导致隧洞的大面积突水涌砂破坏。

2.6　动力变形特性试验及分析

　　一些文献研究表明,土的动模量随动力作用水平的提高而降低,阻尼比随动力作用水平的提高而增大,土动力作用水平通常用动应变幅值 ε_d(或 γ_d)表示,土的动模量的退化用动模量比 E_d/E_{dmax}(或 G_c/G_{dmax})与动应变幅值 ε_d(或 γ_d)之间的关系表示(吴世明,2000)。E_{dmax} 与 E_d 或(G_{dmax} 与 G_d)分别是动应变幅值 ε_d(或 γ_d)对应的最大动模量和动模量。土样阻尼比的变化用阻尼比 λ 与动应变幅值 ε_d(或 γ_d)之间的关系来表示。

　　动弹模试验的有效围压为 100kPa,三组试验的密实度分别为 0.57、0.83 和 0.95(对应干密度分别为 1.5g/cm³、1.6g/cm³、1.65g/cm³),试验测定不同干密度试样的动弹性模量和阻尼比特性。

2.6.1　试验方案

试样的制备、饱和、固结方法与动强度试验一样,试验中均采用应力控制方式,在不排水条件下施加循环荷载。密实度为 0.57 的试样,第一级荷载为 40N,末级荷载为 85N;密实度为 0.83 的试样,第一级荷载为 45N,末级荷载为 90N;密实度为 0.95 的试样,第一级荷载为 40N,末级荷载为 130N。具体试验条件如表 2-10 所示。

表 2-10　动弹模试验参数

相对密实度 D_r	围压 σ_3/kPa	固结比	荷载波形	荷载频率/Hz	排水条件	每级荷载循环次	控制方式
1.5							
1.6	100	1.0	正弦波	1	不排水	5	应力控制
1.65							

2.6.2　应力、应变时程曲线

试验的典型应力、应变时程曲线如图 2-54、图 2-55 所示。各相对密实度下的应力时程曲线大致相似,随着振动周次的增大,动应力幅值增大,沿中心线呈喇叭状增大。

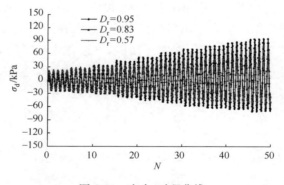

图 2-54　应力-时程曲线

由图 2-55 可知,在荷载施加的前期阶段,动应变幅值都很小,基本没有发生变形,在荷载施加的后期才发生变形。相对密实度越大,变形应变累积效应也越明显,向拉力方向移动的程度更大,而相对密实度小的试样,应变累积效应并不明显。

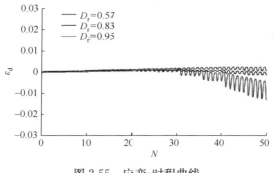

图 2-55　应变-时程曲线

2.6.3　应力路径曲线

动应力-动应变路径为滞回圈,滞回圈的面积大小代表砂样在荷载振动施加、卸载过程中能量损失和阻尼特性,滞回圈的平均斜率表明动弹性模量 E_d 的大小。图 2-56 为各相对密实度下的动应力施加、卸载过程中动应变对动应力的滞后效应,不同相对密实度的滞回圈差异很大。

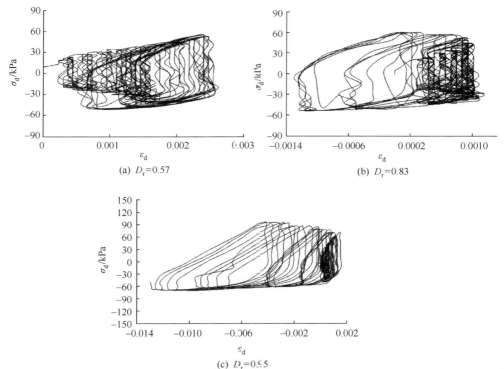

图 2-56　不同相对密实度下的动应力-动应变滞回圈

2.6.4　骨干曲线分析

不同相对密实度的试样在有效固结压力为 100kPa 下的骨干曲线如图 2-57 所示,从曲线的整体趋势来看,试样的 σ_d-ε_d 关系曲线在剪切的初始阶段近似为直线,动应力增长很快,而应变维持在一个较小的值,此时试样的变形处于弹性阶段,基本无累积塑性应变;随着 ε_d 的增加,σ_d-ε_d 关系曲线趋于平缓,动应力的增加较缓慢,动应变迅速增大,试样的变形进入塑性发展阶段,发生较大的累积塑性变形。比较三条不同相对密实度试样的 σ_d-ε_d 关系曲线可知,相对密实度越大,单位动应力变化引起的动应变增长越快,且随着应变的增大,动应力增加得越快,即相对密实度大的试样在达到相同动应变时的应力水平较高。

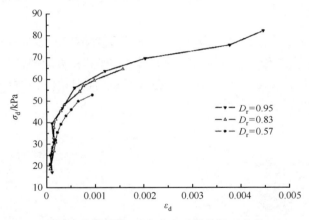

图 2-57　不同相对密实度试样的骨干曲线

2.6.5　动弹性模量分析

动弹性模量为动应力与动应变之比,即 $E_d = \sigma_d/\varepsilon_d$,图 2-58 为有效围压为 100kPa 时三种不同相对密实度的饱和砂样的动弹性模量-轴向应变的关系曲线。由图 2-58 可见,E_d-ε_d 关系曲线呈双曲线形,动弹性模量随应变的增大呈非线性递减,体现了土体具有强度衰退的特性。曲线可分为两个阶段,第一阶段,动弹性模量迅速减小至界限轴向应变阶段,此阶段轴向应变以弹性应变为主,应变较低,试样的动弹性模量较大,且随应变的增加急剧降低,曲线斜率很大;第二阶段,动弹性模量缓慢减小阶段,此阶段轴向应变中弹性应变所占的比例迅速降低,塑性应变发展迅速,随应变的增大动弹性模量减小缓慢,曲线逐渐趋于平缓,E_d 趋于一定值。图中相对密实度较大的试样的关系曲线总处于上方,说明同样轴向应力变形下,试样的相对密实度越大,动弹性模量越大。

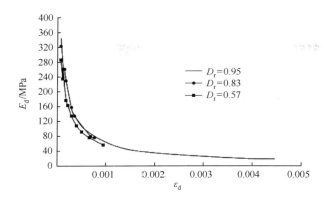

图 2-58　不同相对密实度砂样的 E_d-ε_d 的关系曲线

同一围压下的动弹性模量 E_d 与动弹性应变 ε_d 之间的关系可用修正双曲线模型来表示：

$$E_d = \frac{1}{a + b\varepsilon_d} \tag{2-9}$$

式中，E_d 为动弹性模量；ε_d 为动弹性应变；a、b 是与固结围压有关的拟合参数。由式 (2-9) 可得

$$\frac{1}{E_d} = a + b\varepsilon_d \tag{2-10}$$

即 $1/E_d$ 与 ε_d 呈线性关系，如图 2-59 所示，拟合直线的表达式为 $1/E_d = a + b\varepsilon_d$，则最大动弹性模量 $E_{dmax} = E_0 = 1/a$，$\sigma_{dmax} = 1/b$，试验值见表 2-11。由此可知，新近系饱和砂在循环动荷载作用下的动应力与动应变的关系形式仍可用 R. L. Kondner 的双曲线关系 $\sigma_d = \dfrac{\varepsilon_d}{a + b\varepsilon_d}$ 来描述。

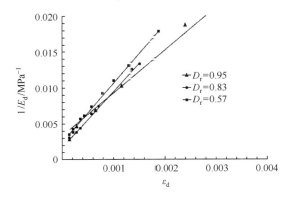

图 2-59　$1/E_d$-ε_d 关系曲线

表 2-11　E_{dmax} 和 σ_{dmax} 的试验值

D_r	σ_3 / kPa	a	E_{dmax} /MPa	b	σ_{dmax} /kPa
0.57		0.0034	294.118	11.915	83.928
0.83	100	0.0018	555.556	15.457	64.696
0.95		0.0025	400.000	16.455	60.772

由表 2-11 可知,随着 D_r 的增大,E_{dmax} 和 σ_{dmax} 都逐渐增大,但当试样过于密实时(相对密实度 D_r=0.95),E_{dmax} 反而减小,可能是由此时砂试样发生了较大的加荷剪胀或卸荷体缩所致。

令 $\dfrac{\sigma_{dmax}}{E_{dmax}} = \varepsilon_0$,由 $\dfrac{1}{E_d} = \dfrac{\varepsilon_d}{\sigma_d} = \dfrac{1}{E_0} + \dfrac{\varepsilon_d}{\sigma_{dmax}}$ 得到骨干曲线的另一种表达形式:

$$\frac{E_d}{E_0} = \frac{E_d}{E_{dmax}} = \frac{1}{1 + \dfrac{\varepsilon_d}{\varepsilon_0}} \tag{2-11}$$

由式(2-11)可知,E_d/E_{dmax}-ε_d 的关系曲线也为双曲线型,由于 E_d/E_{dmax} 为无量纲量,所以该式得到广泛应用,不同相对密实度的试样的试验点如图 2-60 所示,随轴向应变的增大,不同相对密实度的试样的试验点趋于靠拢,基本在一条曲线上。

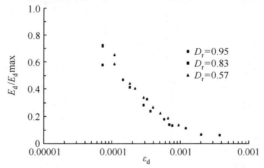

图 2-60　饱和砂的 E_d/E_{dmax} 的试验点

2.6.6　动剪模量比、阻尼比分析

试验的动剪模量 G 与剪应变 γ_d 的关系可用动剪模量比 G_d/G_{dmax} 与动剪应变 γ_d 的关系曲线代替,该曲线可以更好地体现动剪模量随剪应变的增大而衰减的特性。图 2-61 为不同相对密实度试样的 G_d/G_{dmax}-γ_d 关系曲线,随着 γ_d 的增大,G_d/G_{dmax} 呈非线性减小,试样的相对密实度越大,G_d/G_{dmax}-γ_d 曲线越往上移,试样在相同动应变下越不易弱化。根据动剪切弹性模量 $G_d = E_d/[2(1+\mu)]$(μ 为泊松比,不排水时取 0.5)可知,新近系饱和砂试样的最大动弹性模量 E_0 与最大动剪

切弹性模量 G_0 都随着相对密实度的增大而增大,且 G_d/G_{dmax}-γ_d 关系曲线也为双曲线性,这与其他类型的粗粒土试验结果有较大区别(王建军,2013)。

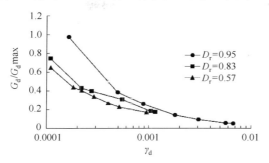

图 2-61　G_d/G_{dmax}-γ_d 关系曲线

由式 $\gamma_d = \varepsilon_d \cdot (1 + \mu)$、$\lambda = \dfrac{\lambda_{max}}{1 + \dfrac{a}{b\varepsilon_c}}$ 可得

$$\lambda = \frac{\lambda_{max}}{1 + \dfrac{a(1 + \mu)}{b\gamma_d}} \tag{2-12}$$

式中,a、b、μ、λ_{max} 均为试验常数,则 λ_d-γ_d 的关系曲线也呈双曲线型。图 2-62 为不同相对密实度的试样的 G_d/G_{dmax}-γ_d 和 λ_d-γ_d 试验数据及拟合曲线,随剪应变幅值的增大,动剪切模量比呈非线性减小,阻尼比呈非线性增大,两条曲线交叉呈"x"型。在密度变化范围内,γ_d 对阻尼影响很小。当动剪应变幅大于 0.0001 后,阻尼比上升得较快,说明此后试样进入较强的非线性阶段,应变滞后应力的现象越明显。

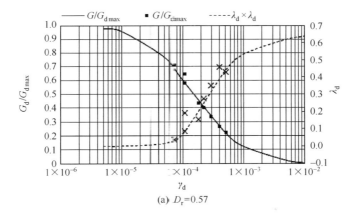

(a) D_r=0.57

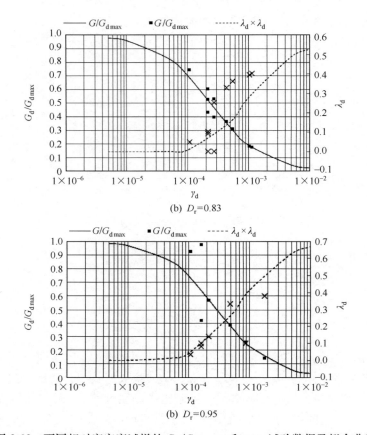

(b) $D_r=0.83$

(b) $D_r=0.95$

图 2-62　不同相对密实度试样的 G_d/G_{dmax}-γ_d 和 λ-γ_d 试验数据及拟合曲线

第3章　弱胶结软岩的物理力学特性研究

国内外研究表明,新近系地层工程特性非常复杂,相关研究文献较少,新近系地层的水稳性极差,水理特性复杂,具有膨胀性、易崩解、易风化等性质,在世界范围内由这种过渡性岩土体引起的灾害不断发生(Loupasakis and Konstantopoulou,2007;Sanada et al. ,2012),给施工带来极大的挑战,是施工中需要解决的关键性问题之一。室内试验的研究取得了一定成果(鲁得文,2013;尚展垒等,2014),相关研究主要集中在岩土性质分类、工程地质特性、水理特性及砂岩和泥岩的基本物理力学性质、蠕变特性、施工处理等方面,而与弱胶结砂岩和黏土岩交叉或互层的力学特性有关的报道并不多。

引黄入洛工程引水隧洞段的围岩新近系地层主要有未胶结砂层、弱胶结砂岩和黏土岩交叉或互层,弱胶结砂岩和黏土岩属不稳定Ⅳ类围岩或极不稳定Ⅴ类围岩,在进行隧洞施工时经常发生塌方、初变破坏等地质灾害。

根据工程施工中极易破坏这一工程特性,在现场代表性地段取样,进行膨胀性试验和耐崩解性试验,通过分析新近系弱胶结砂岩和黏土岩的膨胀性和耐崩解特性,研究施工中新近系弱胶结砂岩和黏土岩的水理特性。

为进一步分析围岩在现场施工中的力学特性,分别对弱胶结砂岩(简称砂岩,下文同)、弱胶结黏土岩(简称黏土岩,下文同)及其混合岩样(即互层岩样)进行现场取样,进行单轴压缩变形室内试验,研究不同结构和不同含水率条件下岩样的强度、应力-应变曲线及变形参数等力学特性,为设计和施工提供理论参考。

3.1　取样及制样

选取代表性地段,在10#至11#斜井中间正洞段的洞边墙部位钻孔取样或开挖岩石钻样,蜡封。

由于岩样比一般岩石软,利用常规制备岩样的切割机加水切割会严重破坏岩样,采取砂轮打磨制样的方法无法保证岩样的完整性,而岩样比密实的土坚硬,削土刀无法切削岩样。在常规岩样或土样制样方法都无法采用的情况下,采取人工手动制样的方法,小型切割机切割试样,用砂纸手工打磨制样。打磨过程中,在试样外用直径稍大的厚空心铁环套在岩样上,并配合铁板找平岩样的上、下平面,提高试样上下端面的平整度及精度,保证岩样不受较大干扰并能保证试样两端的平整度。

　　试验所用的岩样有结构均匀的砂岩样（S2$^\#$、S3$^\#$）和砂岩、黏土岩构成的混合岩石结构试样（S1$^\#$）（简称混合砂岩样，下文同），结构均匀的黏土岩试样（C1$^\#$、C2$^\#$）和以黏土岩为主的由砂岩、黏土岩构成的混合岩石结构试样（C3$^\#$）（简称混合黏土岩样，下文同）。饱和岩样的制备是在试验室真空饱和 3 个月进行试验，饱和含水率条件下结构均匀的黏土岩试样（简称黏土岩），编号为 B1$^\#$、B2$^\#$；黏土岩、砂岩弱胶结的混合黏土岩样（简称混合黏土岩，下文同），编号为 B3$^\#$。各岩样的基本物理指标见表 3-1。

表 3-1　基本物理指标

编号	块体密度/(g/cm³)	颗粒密度/(g/cm³)	含水率/%
S1$^\#$	2.46	3.164	6.78
S2$^\#$	2.44		
S3$^\#$			
C1$^\#$	2.42	2.865	7.12
C2$^\#$			
C3$^\#$	2.41		
B1$^\#$	2.32	—	8.52
B2$^\#$			
B3$^\#$	2.63		

3.2　新近系弱胶结岩的水理特性研究

　　耐崩解性指数 I_{di} 与崩解循环试验次数 N 的试验数据列于表 3-2 并绘于图 3-1，由表 3-2 可知，两种试验岩样的耐崩解性指数随崩解循环次数的增加而减小，但没有发生突然降低现象，10 次崩解循环试验的耐崩解性指数较高，都在中等耐久性等级的范围之内（孙晓明等，2005），其中第 2 次崩解循环试验的耐崩解性指数较高，在 90%～91%，第 5 次干湿循环岩样的耐崩解性指数在 82%～84%，至第 10 次循环的耐崩解性指数在 67%～69%。

　　由图 3-1 可知，耐崩解性指数随循环次数的增加而减小，减小的速率较平稳，没有发生较大的下降趋向或突降变化，砂岩和黏土岩的耐崩解性指数大致相似，差别不大，两种岩样的第 2 次耐崩解性指数几乎相等，第 3 次至第 5 次循环的耐崩解性指数差别都很小。因此，两种试验岩样的耐崩解性都较好，属于中等耐久性。

表 3-2 耐崩解试验结果

N /次	泥质砂岩		砂质黏土岩		中等耐久性/%	备注
	m_{ri} /g	I_{di} /%	m_{ri} /g	I_{di} /%		
0	1074.87	—	1091.86	—	—	
1	1042.02	93.35	1053.54	94.45	92～95	
2	1028.47	90.60	1011.27	90.09	87～91	
3	1016.54	88.18	1028.36	87.56	—	
4	1004.38	85.72	1015.52	85.05	—	残留试件状态:
5	991.22	83.06	1001.83	82.38	80～85	表面泥化;筛出
6	981.01	80.99	983.71	78.82	—	部分状态:遇水
7	962.25	77.19	967.39	75.63	—	溶解
8	950.83	74.87	952.71	72.75	—	
9	932.01	71.06	939.18	70.10	—	
10	919.08	68.44	924.92	67.31	60～85	

注:I_{di} 为岩石(第 i 次循环)耐崩解性指数;m_{ri} 为圆柱形筛筒与第 i 次循环后残留试件烘干的质量和,$i=0,\cdots,10$。

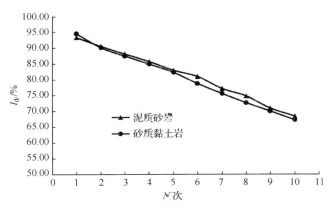

图 3-1 I_{di}-N 关系曲线

3.3 膨胀性试验

3.3.1 累积自由膨胀试验

膨胀性试验的试验结果见表 3-3。试验中累积径向和轴向自由膨胀量随时间的变化见图 3-2 和图 3-3。由表 3-3 可知,两种软岩的自由膨胀率都很小,径向膨胀率最大值为 0.0018%,轴向膨胀率最大值为 0.0021%,试验中砂岩在加水后顶部开始破坏或在上表面出现泥化现象,而黏土岩在试验前后无明显变化。

表 3-3　　自由膨胀试验结果

试样	编号	D/mm	H/mm	U_d/mm	U_h/mm	V_d/%	V_h/%	试验现象
砂岩	1	54.32	53.04	0.00025	0.0011	0.0005	0.0021	顶部破坏
	2	54.26	53.64	0.00055	0.0002	0.001	0.0004	表面泥化
	3	54.4	54.12	0.0008	0.009	0.0015	0.0017	
黏土岩	1	53.8	57	0.00015	0.0004	0.0003	0.0007	
	2	53.5	54.32	0.00105	0.00055	0.0018	0.0006	无明显变化
	3	54.48	52.12	0.0007	0.00060	0.0013	0.0009	

注:表中,D 为试件直径,mm;H 为试件高度,mm,U_d 为径向平均变形量,mm;U_h 为轴向变形量,mm;V_h 为轴向自由膨胀率,%;V_d 为径向自由膨胀率,%。

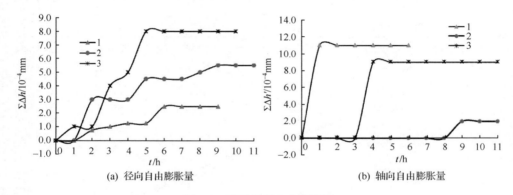

(a) 径向自由膨胀量　　　　　　　　　(b) 轴向自由膨胀量

图 3-2　砂岩累积自由膨胀量

图 3-2(a)中 3 个试样的径向累积自由膨胀量 $\sum \Delta h$ 随着时间变化的总体变化趋势相近,在不同时间段发生不同的变化。试样在第 1 个小时内基本无变化(3 号试样稍有增加),在第 2 个小时内 $\sum \Delta h$ 明显增加,在第 2 到第 5 个小时内 $\sum \Delta h$ 持续增加并达到最大值,且在第 5 个小时(或第 7 个小时)达到最大值后趋于稳定。图 3-2(b)中 3 个试样的轴向累积自由膨胀量 $\sum \Delta h'$ 随时间变化的总体趋势也大致相似,只在某个时间段变化一次后即趋于稳定,但 $\sum \Delta h'$ 随时间发生变化的时间段区别较大,如试样 1 的 $\sum \Delta h'$ 值最大且在 1 个小时内完成,并在之后的时间内趋于稳定;试样 2 的 $\sum \Delta h'$ 在前 8 个小时内基本无变化,在第 9 个小时时发生较小增加后趋于稳定;试样 3 的 $\sum \Delta h'$ 在试验的前 3 个小时内基本无变化,在第 4 个小时发生较大增加后趋于稳定。

图 3-3(a)中 3 个试样的径向累计自由膨胀量 $\sum \Delta h$ 随时间变化的趋势相似,试样 1 在前 4 个小时内无变化,在第 4 到 5 个小时内 $\sum \Delta h$ 明显增加,在第 5 个小

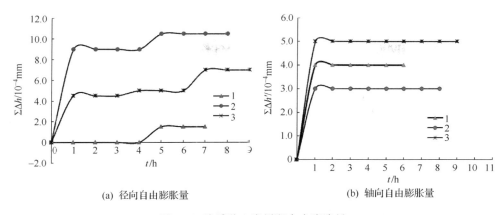

(a) 径向自由膨胀量　　　　　　　　(b) 轴向自由膨胀量

图 3-3　砂质黏土岩累积自由膨胀量

时以后稳定,不再发生变化;试样 2 和试样 3 在前 1 个小时内 $\sum \Delta h$ 发生较大变化,在第 2 到 5 个小时(或第 2 到 7 个小时)为缓慢增加至稳定。图 3-3(b)中 3 个试样的轴向累积自由膨胀量 $\sum \Delta h'$ 随时间变化的总体趋势也相似,在试验最后 2 个小时内达到最大值并达到稳定。

3.3.2　侧向约束膨胀率试验

试验分析结果见表 3-4,试验中累积径向和轴向自由膨胀量随时间的变化见图 3-4 和图 3-5。

表 3-4　侧向约束膨胀试验结果

试验内容	砂岩			黏土岩		
	侧 1	侧 2	侧 3	侧 1	侧 2	侧 3
H /mm	53.84	52.76	54.12	50.5	54.36	54.24
U_{hp} /mm	0.155	0.1291	0.0632	0.0169	0.094	0.13
V_{hp} /%	0.075	0.244	0.113	0.033	0.017	0.018
试验现象描述	表面泥化	上表面泥化	无明显现象	上表面泥化	无明显现象	

注:表中,H 为试件高度,mm;U_{hp} 为侧向约束轴向变形量,mm;V_{hp} 为侧向约束轴向膨胀率。

由表 3-4 可知,侧向约束膨胀率值都很小,砂岩的最大值为 0.244%,最小值为 0.075%,黏土岩的最大值为 0.033%,最小值为 0.017%,砂岩在试验过程中表现为表面泥化、上表面泥化或变化现象不明显,而黏土岩则表现为上表面泥化或无明显变化。

由图 3-4(a)可知,砂岩的侧向约束累积膨胀量 $\sum \Delta h$ 在试验开始后第 1 个小时内没有变化,在第 2 到第 13 个小时(或第 10 个小时)内缓慢增加至稳定,$\sum \Delta h$ 值不再发生变化。图 3-4(b)表明,黏土岩侧向约束膨胀率值更小,在试验的前 5

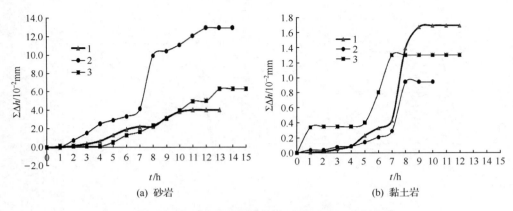

图 3-4　侧向约束轴向累积变形量随时间的变化曲线

小时内随时间的增长而缓慢增加,在第 5 个小时后增长速度相对加快至稳定不变。

砂岩的 $\sum\Delta h$ 值近似为砂质黏土岩的 10 倍,其 $\sum\Delta h$ 变化的时间在第 13 个小时后趋于稳定,而黏土岩的 $\sum\Delta h$ 变化的时间在第 9 个小时后趋于稳定。

3.3.3　膨胀压力试验

试验结果如表 3-5 所示,结果表明,轴向荷载 P 为 24~38N,膨胀压力为 12~22KPa,试验过程中岩样无明显现象发生。两种软岩的轴向荷载和膨胀力较为接近,数值都很小。

表 3-5　膨胀压力试验结果

试验内容	砂岩			黏土岩		
	膨 1	膨 2	膨 3	膨 1	膨 2	膨 3
D /mm	47.62	46.98	49.52	48.84	48.0	46.68
P /N	36	38	24	36	32	22
膨胀压力/MPa	20	22	12	19	18	13
试验现象	无明显现象					

3.3.4　岩样膨胀性分析

表 3-6 为评判膨胀性的分级标准(孙晓明等,2005;鲁得文,2013),两种试样的自由膨胀率都远小于 1‰,砂岩表现为加水后顶部破坏或上表面泥化,而黏土岩试样在试验前后无明显变化;侧向约束膨胀率小于 1‰,砂岩在试验过程中表现为表面泥化、上表面泥化或变化现象不明显,而黏土岩则表现为上表面泥化或无明显变化;膨胀压力远小于 300KPa,试验过程中岩样无明显现象发生。因此,所研究的

两种新近系岩样不具有膨胀性。

表 3-6　岩石膨胀性分级标准

膨胀性分类	岩石膨胀率/%	膨胀压力/kPa
强	>30	>500
中等	15~30	300~500
弱	3~15	100~300
无	<3	<100

3.3.5　试验结果分析

由上述分析的膨胀性试验及其试验结果,可以得出以下结论。

(1)自由膨胀率试验表明,两种岩样的自由膨胀率都很小,径向膨胀率最大值为 0.0018%,轴向膨胀率最大值为 0.0021%,自由膨胀率远小于 1%,泥质砂岩表现为加水后顶部开始破坏或上表面泥化,而砂质黏土试验岩在前后试样无明显变化。

(2)侧向膨胀率试验说明,最大膨胀率为 0.244%,最小值为 0.017%,侧向约束膨胀率很小,远小于 1%,泥质砂岩在试验过程中表现为表面泥化、上表面泥化或变化现象不明显,而砂质黏土岩则表现为上表面泥化或无明显变化。

(3)膨胀压力试验表明,轴向荷载为 24 ~38N,膨胀压力为 12~22kPa,膨胀压力远小于 300kPa,试验过程中岩样无明显变化。

根据以上结果可以得出,弱胶结砂岩、弱胶结黏土岩为中等耐崩解性、无膨胀性,这不是造成围岩施工极易破坏的主要原因,其复杂的工程特性需要进一步深入分析。

3.4　新近系弱胶结砂岩的力学特性试验研究

3.4.1　试验方案

采用型号为 SANS Power Test V3.4 单轴压缩变形试样仪,应变仪读数为每秒 30 个;控制方式为应力控,逐级连续加载,加载速率为 50N/s,直至试件破坏。

弱胶结砂岩岩样为浅黄色、浅褐黄色,呈块状,试样以粘粒或砂粒为主,较密实、坚硬。由于弱胶结砂岩与弱胶结黏土岩互层,为分析不同岩石结构试样的力学特性,在现场取样中选取了均匀结构的砂岩样,编号 S2#、S3#;砂岩、黏土岩构成的混合砂岩样,编号 S1#-混,试样含水率为现场施工条件下的含水率。

试样及试验破坏形式如图 3-5 所示,砂岩力学参数如表 3-7 所示,由表 3-7 可知,现场施工条件下的岩样含水率较高,该类岩样的力学参数值很小,受岩石结构和含水率的影响较大,而岩石结构对岩样力学参数的影响要大于含水率对岩样力学参数的影响。如混合结构砂岩样 S1#-混比结构均匀的 S2# 岩样含水率大,但其单轴抗压强度 R_c、变形模量 E、泊松比 μ 都比 S2# 的相关力学参数小 26% 以上,S1#-混比 S3# 岩样的含水率小,但其单轴抗压强度 R_c、变形模量 E、泊松比 μ 都比 S3# 对应的力学参数稍大;试验结果表明,变形模量 E 随单轴抗压强度 R_c 的增大而增大,泊松比 μ 随变形模量 E 的增大而增大。

S1#-混　　　　　　　　　　S2#　　　　　　　　　　S3#

图 3-5　试验后砂岩试件

表 3-7　砂岩力学参数试样结果

编号	结构	ω /%	D /mm	$\varepsilon_{1,50}$ /10⁻³	$\varepsilon_{3,50}$ /10⁻³	P /N	R_c /MPa	E /GPa	μ
S1#-混	混合	12.32	53.41	0.6845	0.063	4600	2.05	1.490	0.092
S2#	均匀	11.56	53.48	0.295	0.0575	6300	2.80	4.754	0.195
S3#	均匀	14.22	54.21	0.6595	0.023	4400	1.91	1.454	0.035

表中,$\varepsilon_{1,50}$ 为应力为 σ_{50} 的纵向应变值;$\varepsilon_{3,50}$ 为应力为 σ_{50} 的横向应变值。

3.4.2　应力-应变曲线

应力-应变关系曲线如图 3-6 所示,由图可知,由于试验中测得的数据较少,σ_1-ε_1 关系曲线表现为台阶式变化,S1#-混为混合结构样岩,破坏具有一定的延迟,纵向和横向应变发生突变时,应力仍继续增加,达到最大荷载后发生破坏。混合砂岩样主要由粘粒和细砂粒混合组成,试样砂粒结构突然发生破坏时,粘粒结构的破坏强度没有达到,因此岩样在变形破坏时,强度仍在增加,岩样在最终达到破坏荷载时发生破坏。S2#、S3# 为均匀结构岩样,S2# 岩样纵、横应变达到最大时,破坏荷载达到了最大,砂岩瞬间发生破坏,并产生较大的纵向和横向应变,表现为岩样的强度瞬间丧失,岩样发生坍塌破坏;S3# 岩样的横向变形达到最大时,岩样达到破坏荷载,而纵向变形继续增加,应力也随纵向应变增加而有增加,最终达到破坏。

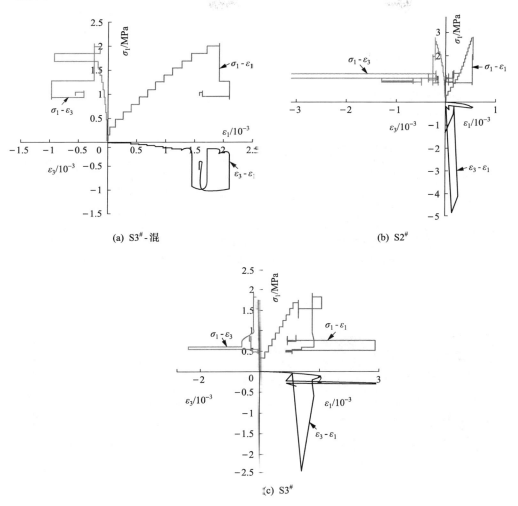

图 3-6　应力-应变关系曲线

3.5　新近系弱胶结黏土岩力学特性试验研究

3.5.1　试样描述及其破坏形式

岩样为褐黄色、灰白色,以黏土为主,含较多粉细砂粒或灰质、泥质结构,岩样呈块状、厚层状构造,成岩度低,较致密。为分析不同岩石结构及含水率对岩样力学特性的影响,在现场取样中选取了均匀结构的黏土岩试样,编号为 C1$^\#$、C2$^\#$,并选取了混合黏土岩,编号为 C3$^\#$-混。

　　试样含水率为现场施工条件下的含水率。饱和岩样的制备是在试验室真空饱和 3 个月,饱和含水率条件下均匀结构的黏土岩试样,编号为 B1$^\#$、B2$^\#$,混合黏土岩,编号为 B3$^\#$-混。试样及试验破坏形式如图 3-7 和图 3-8 所示,在天然含水率的条件下,均匀结构的黏土岩试样为劈裂膨胀破坏,混合结构岩样为砂岩部位的崩解破坏导致整个岩样破坏;在饱和状态下,均匀结构岩样呈崩解破坏,混合岩样在饱和黏土岩部位膨胀破坏导致整个试样破坏。

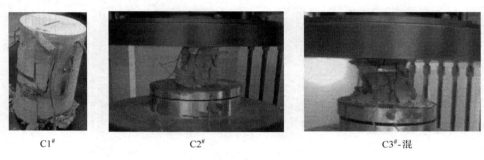

　　　　　C1$^\#$　　　　　　　　　　　　C2$^\#$　　　　　　　　　　　　C3$^\#$-混

图 3-7　天然含水率条件下试样及破坏形式

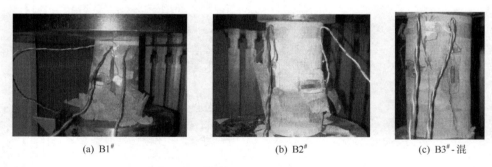

　　　　(a) B1$^\#$　　　　　　　　　　　(b) B2$^\#$　　　　　　　　　(c) B3$^\#$-混

图 3-8　饱和含水率条件下试样及破坏形式

3.5.2　力学参数

　　现场施工含水率条件下黏土岩力学参数试验结果如表所示,由表 3-8 可知,现场施工条件下黏土岩力学参数很小,其含水率较大,达到 12.0 ％以上,在含水率相差很小的条件下,岩样的力学参数受岩石结构的影响较大,均匀岩样的力学参数基本一致,相差很小。不同岩石结构的黏土岩样的力学参数差别很大,混合黏土岩样 C3$^\#$-混的单轴抗压强度比均匀岩样 C1$^\#$(或 C2$^\#$)的单轴抗压强度小很多,但其弹性模量比均匀岩样 C1$^\#$(或 C2$^\#$)的弹性模量大很多,其泊松比也比较大,表现出单轴抗压强度大幅降低,而弹性模量却大幅增加,这与一般工程界认为岩样弹性模量随单轴抗压强度的增大而增大的关系相反。

表 3-8 现场施工含水率条件下黏土岩力学参数试验结果

编号	结构	D/mm	ω/%	$\varepsilon_{1,50}$/10^{-3}	$\varepsilon_{3,50}$/10^{-3}	P/N	R_c/MPa	E/GPa	μ
C1#	均匀	54.1	12.64	0.886	0.129	24300	10.58	5.991	0.15
C2#	均匀	54.00	12.56	0.718	0.1295	23900	10.44	5.719	0.17
C3#	混合	53.3	12.64	0.1515	0.0375	8400	3.58	12.424	0.25

饱和含水率条件下岩样的力学参数试验结果如表 3-9 所示,岩样的饱和含水率较大,达到 20.32% 以上,而力学参数较小,比天然含水率下岩样的强度小很多。岩样的力学参数受岩石结构的影响要比含水率的影响更大,如含水率相近的 B3#-混与 B1# 岩样相比,B3#-混的饱和单轴抗压强度比 B1# 的对应力学参数值低很多,B3# 的弹性模量、泊松比比 B1# 的对应力学参数低;均匀结构的 B2# 与 B1# 岩样,单轴抗压强度、泊松比随含水率的增大而减小,而饱和单轴抗压强度随含水率增大而增大,表现出复杂多变的力学特性。

表 3-9 饱和含水率条件下岩样的力学参数试验结果

序号	结构	D/mm	ω/%	$\varepsilon_{1,50}$/10^{-3}	$\varepsilon_{3,50}$/10^{-3}	P/N	$R_{c,饱}$/MPa	E/GPa	μ
B1#	均匀	54.3	20.72	0.711	0.295	15900	6.87	4.825	0.42
B2#	均匀	54.64	21.55	0.327	0.1115	16400	6.99	2.944	0.17
B3#-混	混合	52.04	20.32	1.189	0.205	6100	2.87	4.417	0.34

通过对比表 3-8 和表 3-9 结果可以看出,无论是均匀结构岩样还是混合结构黏土岩样,单轴抗压强度、弹性模量随含水率的增大而明显降低,而泊松比随含水率的增大而增大,其中混合黏土岩样的弹性模量随含水率的增加而大幅降低。

因此,岩样的力学参数很小,岩石结构与含水率对岩样的力学参数影响较大,而且表现出较大差异。现场砂岩、黏土岩互层地层的岩性复杂,岩石结构复杂,含水率在降水和施工过程中发生较大变化,导致围岩力学参数发生较大的变化,这是造成现场施工围岩不稳、支护破坏、发生涌水和涌砂等地质灾害的主要原因。

3.5.3 应力-应变曲线

1. 施工现场含水率条件下

施工现场条件下应力-应变关系曲线如图 3-9 所示,由图 3-9 可知,均匀结构的 C1#、C2# 岩样,应力-应变曲线开始为近似直线,然后曲线向下弯曲直至突然破坏,表现为弹性、压密、屈服和破坏四个阶段,没有发生较大的纵向和横向变形,表现为岩样的瞬间强度丧失,发生坍塌破坏;混合黏土 C3#-混岩样的应力-应变曲线在初始段有加密的过程,然后变为近似直线,达到破坏时发生较大的纵向和横向变形,表现为较大的变形导致岩样的破坏。

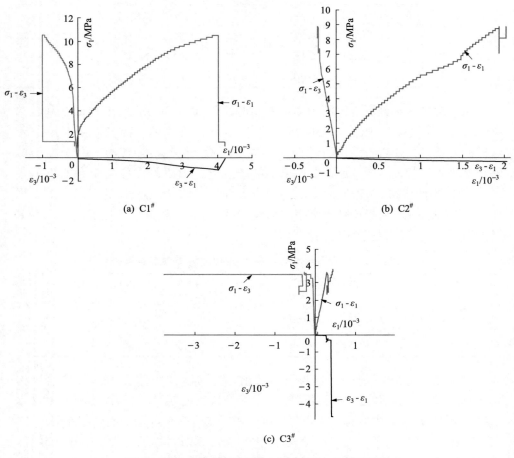

(a) C1#　　　　　　　　　　　　　　(b) C2#

(c) C3#

图 3-9　施工现场条件下黏土岩应力-应变关系曲线

2. 饱和含水率条件下的应力-应变曲线

饱和含水率条件下的黏土岩应力-应变关系曲线如图 3-10 所示,由图 3-10 可知,均匀结构岩样(B1#、B2#)在试样中测得的数据较少,岩样强度很低,轴向应力-轴向应变关系曲线表现为台阶式变化,混合结构岩样(B3#-混)在初始加压时加密,然后呈近似直线变化,最终破坏。

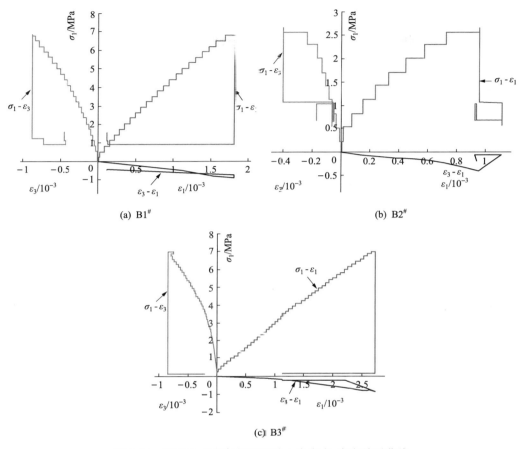

(a) B1#　　　　　　　　　　　　　　(b) B2#

(c) B3#

图 3-10　饱和含水率条件下的黏土岩应力-应变关系曲线

3.5.4　黏土岩与砂岩的试样结果对比分析

1. 现场施工含水率条件下的应力-应变曲线对比分析

1) 均匀结构的两种岩样应力-应变曲线对比

施工现场含水率下的两种岩样的应力-应变曲线如图 3-11 所示,由图 3-11 可知,两种软岩的应力-应变曲线差异明显,试验中砂岩测得的数据很少,表现为明显的台阶式曲线,而黏土岩应力-应变曲线呈现出有弹性、压密、屈服和破坏四个阶段。

2) 混合结构条件下的两种岩样应力-应变曲线

施工现场含水率下的混合结构岩样的应力-应变曲线如图 3-12 所示,从图 3-12 可以看出,两种岩样应力-应变曲线具有明显的区别,混合砂岩 S1#-混的强度很

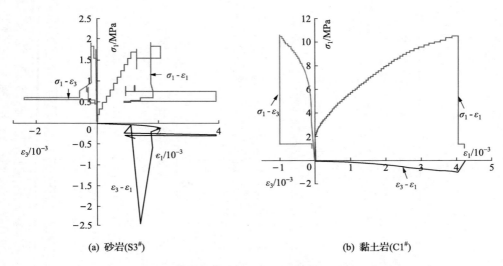

(a) 砂岩(S3#)　　　　　　　　　　　(b) 黏土岩(C1#)

图 3-11　施工现场含水率下的均匀结构的岩样应力-应变曲线

低,测得的数据很少,应力-应变曲线为台阶式变化;混合黏土岩 C3#-混的应力-应变曲线初始有加密的过程,然后近似直线,达到破坏时发生较大的纵向和横向应变。

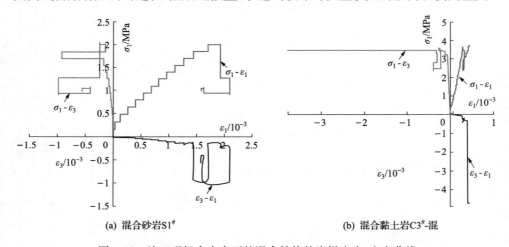

(a) 混合砂岩S1#　　　　　　　　　　(b) 混合黏土岩C3#-混

图 3-12　施工现场含水率下的混合结构的岩样应力-应变曲线

2. 力学参数 R_c、E、μ 对比分析

不同结构和不同含水率条件下,岩性的岩样力学参数列于表 3-10,在现场施工含水率条件下,两种结构的岩样(均匀结构和混合结构)中,砂岩的单轴抗压强度 R_c、变形模量 E 和泊松比 μ 要远低于黏土岩对应的力学参数;在相同结构条件下,混合结构的岩样在现场施工时泥质砂岩的含水率要低于砂质黏土岩的含水率,并

远低于泥质黏土岩的饱和含水率,但其强度单轴抗压强度 R_c、变形模量 E 和泊松比 μ 均低于砂质黏土岩对应的力学参数。

表 3-10　饱和弱胶结砂岩与饱和弱胶结黏土岩 R_c、E、μ 对比表

编号	结构	含水率状态	含水率/%	岩性	R_c	E	μ
S3#	均匀结构	现场施工条件下	14.22	砂岩	1.91	1.454	0.035
C1#			12.64	黏土岩	10.58	5.991	0.15
S1#-混	混合结构	现场施工条件下	12.32	泥质砂岩	2.05	1.490	0.092
C3#-混			12.64	砂质黏土岩	3.58	12.424	0.25
B3#-混		饱和状态	30.32		2.87	4.417	0.34

第4章 富水新近系地层隧道围岩特性研究

富水新近系地层的工程区域构造不发育,地震基本烈度为Ⅶ度,区域地下水埋深大,区域潜水埋深一般在 20～50m 以下,勘察过程中发现的地下水为孔隙型潜水和基岩裂隙水,含水层为砂卵石层及基岩裂隙带,隔水层为下伏黏土或基岩,地下水受大气降雨及地表水补给的影响,水量大小不一,变化较大。洞线通过区域分布的地层主要为新近系地层的影响,与下伏三叠系地层呈不整合接触关系,厚度大于300m,岩体主要为砂岩与黏土岩,多呈互层状分布并夹薄层砾岩,地层按岩性不同分为砾岩夹薄层细砂岩、黏土岩和泥质钙质细砂岩、砂质黏土岩、砂质黏土岩夹砾岩等,工程揭露的地层条件与前期工程勘察的地层岩性差别较大。

4.1 岩土的分类性质研究

目前,对于新近系岩性的分类没有统一的标准,对其岩土性质的分类评价主要有三种观点:岩类、软岩-硬土类及硬土类,而国内外对各种硬土和软岩的分类没有统一的标准,对硬土和软岩的划分标准很不一致,但多数标准以单轴(无侧限)抗压强度 R_c 作为划分硬土和软岩界限的指标,或考虑凝聚力 c、变形模量 E_s 以及浸水后的强度变化等参数。在我国,《岩土工程勘察规范》(GB50021—2009)将饱和单轴抗压强度小于30MPa 的岩体称为软质岩,工程岩体分级标准将饱和单轴抗压强度小于5MPa 的岩体称为极软岩,软岩缺少下限。

对前期勘察调查研究、施工揭露、地层岩性、工程地质性质、物理力学性质、单轴抗压强度、成岩作用、胶结程度、结构强度、颗粒组成、岩层分布等资料进行分析,并结合矿物成分、地下水作用等因素进行所研究地层的岩土分类。

4.1.1 国内外软岩、硬土界限分类标准

1. 国外软岩界限的划分标准

目前,岩土工程界仍没有明确的岩石和土的分界标准,国内不同行业划分的软岩分类标准也有一定差异,国内外软岩、硬土界限指标的一些划分标准主要以岩石的单轴抗压强度为划分标准,如表4-1所示,表中 R_c 为岩石单轴抗压强度,E_s 为变形模量。从表4-1中可知,国内外主要以岩石饱和单轴抗压强度作为软岩分类标准,但各标准给的分类范围或界限值并不一致。

表 4-1　国内外软岩和硬土界限划分标准

划分标准	名称	划分标准出处
$R_c \leqslant 5.00\text{MPa}$	极软岩	《岩土工程勘察规范》GB50021—2009 《建筑地基基础设计规范》GB50007—2011 《工程岩体分级标准》GB50218—2014 《公路桥涵地基与基础设计规范》JTG D63—2007
$R_c \geqslant 0.24\text{MPa}$	很硬的土	《工程地质手册 第四版》(2011)
$R_c = 1.0\text{MPa}$	岩土分界	曲永新,吴芝兰,徐晓岚等(1991)
$1.25\text{MPa} < R_c < 5.00\text{MPa}$	软岩	伦敦地质学会
$1.5\text{MPa} < R_c < 15.0\text{MPa}$	软岩	国际工程地质学会
$2.0\text{MPa} < R_c < 6.0\text{MPa}$	硬土	EMaranha das Neves
$R_c > 0.3\text{MPa}$ $R_c \leqslant 1.25\text{MPa}$	极硬土 极软岩	国际岩石力学学会
$R_c > 0.4\text{Pa}$	硬土	Terzaghik 和 Peck R B(1967)
$R_c > 0.3\text{MPa}, E_s \geqslant 50\text{MPa}$	硬土	Oteo C S(1993)
$1.5\text{MPa} < R_c < 5.0\text{MPa}$	软岩	Deere 和 Deere(1989)
$R_c = 3.6\text{MPa}$ 浸水强度降低 40%	岩土分界	M orgen stern N R, E igenbrod K D
$R_c = 3.6\text{MPa}$ 崩解耐久性 90%	岩土分界	Gra inger P(1984)
$2.0a < R_c < 6.0\text{MPa}$	极软岩	Rocha(1977)
$0.6\text{MPa} < R_c < 1.25\text{MPa}, c > 0.3\text{MPa}$	硬土或极软岩	Anon(1977)

2. 我国岩石坚硬程度分类标准

我国所颁布的《岩土工程勘察规范》(2009)规范中,以岩石饱和单轴抗压强度划分岩石类别,但没有给出软岩与硬土的分界标准。岩石坚硬程度分类表如表 4-2 所示,部分岩石密度表如表 4-3 所示。

表 4-2　岩石坚硬程度分类表

坚硬程度	坚硬岩	较硬岩	较软岩	软岩	极软岩
R_c /MPa	$R_c > 60$	$60 > R_c > 30$	$30 > R_c > 15$	$15 > R_c > 5$	$R_c < 5$

表 4-3　部分岩石密度表

岩石	辉石	泥质岩	粉砂岩	花岗岩	砂岩	片岩
密度	2.7~3.7	2.0~2.5	2.0~2.4	2.5~2.75	2.1~2.65	2.5~3.7

4.1.2 所研究试样的岩土分类

1. 地质勘查命名

新近系地层为滨湖相、河湖相陆源碎屑沉积岩，属于新近系中新统洛阳组，在前期勘察设计阶段引用《河南省区域地质志》，将洛阳组岩性定名为泥质钙质细砂岩、砂质黏土岩夹砾岩、砾岩等，砂岩与黏土岩多呈互层状分布并夹薄层砾岩为主，主要分布在引水工程区庙护以南地区第四系地层下，厚度大于300m，与下伏三叠系地层呈不整合接触关系。

施工揭露的地质条件与地质勘查差别很大，隧洞施工揭露表明，新近系地层（洛阳组）由未胶结砂岩、弱胶结砂岩和黏土岩交叉或互层组成，地下水比较丰富，隧洞有近10km的洞段需要穿过该类地层，原开挖、支护设计及施工技术无法采用，原结构设计和施工技术不能适应新近系地层（洛阳组）的施工要求。因此，这给施工造成了很大的困扰。

2. 洛阳组岩石（土）物理力学试验成果

1）试验的物理力学参数

初期试验得到的物理力学参数如表4-4所示，岩土分类划分如表4-5所示。

所研究试样的密度在2.0～2.5g/cm³，依据表4-3，初步命名为泥质岩；两种试样的比重为3.164和2.865，一般岩石的比重范围为2.6～3.2符合一般岩石的比重范围。

表4-4 岩石的物理力学参数

地层	岩体结构	含水率/%	黏聚力 c/kPa	摩擦角/(°)	渗透系数/(cm/s)	变形模量/GPa	承载力 P/kPa
未胶结砂	层状散体	20.31	2.06	25.1	1.44E-03	—	—
粉质黏土	散体	25.68	25	4.3	—	—	—
泥质粉砂岩	层状散体	12.89	37.6	0.31	1×10^{-3}	3.1	500
黏土岩	层状碎裂	12.6	37.5	0.3	1×10^{-3}	5.855	300
石英砂岩 T₂¹	层状结构		1317	37	—	15	1600
砂岩夹泥页岩 T₂¹	层状结构	—		35		5～7	1600
泥质粉砂岩夹中细粒砂岩 T₂¹	层状结构	—		32		3～6	1400

表 4-5　围岩岩土分类划分

地层	结构	ρ_0 / (g/cm³)	G_s	w /%	R_c /MPa	E /GPa	岩石密度分类	坚硬程度分类	国外软岩划分标准
未胶结砂	散体	2.08	—	20.31	—	—		未胶结	硬土
S1#	混合	2.46		12.32	2.05	1.490		$R_c < 5$, 极软岩	极软岩;或高密实度砂土
S2#	均匀	2.46	3.164	11.56	2.80	4.754			
S3#	均匀	2.41		14.22	1.91	1.454			
C1#	均匀	2.36		12.64	10.53	5.991	2.0~2.5g/cm³泥质岩	$15 > R_c > 5$ 软岩	1.5MPa < R_c < 15.0MPa,软岩
C2#	均匀	2.43	2.865	24500	5.99	0.15			
C3#	混合	2.41		23900	5.719	0.17			
B1#	均匀	2.42	—	20.72	6.87	4.825		$R_c < 5$ 极软岩	极软岩或岩土分界高密实度黏土
B2#	均匀	2.22	—	21.55	6.99	2.944			
B3#	混合	2.63	—	20.32	2.87	4.417			

采用饱和单轴抗压强度进行分类,参照表 4-1 可知,砂岩样的饱和单轴抗压强度在 1.91～2.8MPa 之间,依据表 4-2 可划为极软岩,依据表 4-1 可划分为极软岩,也可划分为土,即密实度较高的砂土;均匀结构的黏土岩的单轴抗压强度为 6.87 ～6.99MPa,根据表 4-1 国内外软岩界限的划分标准,黏土岩的单轴抗压强度在 1.5MPa(或 1.25MPa) < R_c < 15.0MPa 范围内,属于软岩,根据表 4-2 的分类,黏土岩的单轴抗压强度也在 1.5MPa ≤ R_c < 15MPa 范围,属于软岩;混合黏土岩样的单轴抗压强度为 2.87MPa,依据表 4-2 属于极软岩,依据表 4-1 可认为其属于密实度较高的黏土,也可以划分为极软岩,具体分类见表 4-5。

2) 对本工程新近系地层的认识

(1) 新近系地层与下伏三叠系地层呈不整合接触关系,强度和承载力明显低于下伏三叠系岩层。

(2) 隧洞开挖施工表明,新近系地层从上到下依次为硬塑-密实的砂土、泥质粉砂岩、黏土岩,既有土的特性,也具有岩石的特性,若按照岩类观点去认识其岩性,会与其工程地质性质不符,而采用硬土与软岩相结合的勘察方法进行工程地质评价,较为符合工程实际情况。

(3) 工程中更新统砂卵石也存在钙质胶结现象,地质学中常定名为钙结层,这与洛阳组中的钙质胶结砂岩、砾岩等无本质的区别。

用黏土岩、砂岩、砾岩等命名不能切实反映岩层的特点。该地层中具泥质弱胶结的粘性土和砂、砾石等在成岩过程中受到胶结物的胶结作用,还受到上覆地层的固结压实作用,尤其是在长期温度与压力作用下发生的黏土矿物转化、重结晶等不可逆胶结作用等。洛阳组部分岩(土)含钙质(盐类)成分相对较多,是盐类的胶结作用和固结作用的产物,但没有进行矿物转化和重结晶作用,故尚未达到胶结成岩的程度。但第三系地层沉积的时间较长,即使成岩作用较差,也较为接近岩石性质,可以按岩石对待。

在空间上分布不稳定,分布无规律性,胶结程度和强度变化很大,无膨胀性,中等耐崩解性。上层往往有厚层砂层,未胶结;其下为泥质弱胶结砂岩层(砂岩夹黏土岩)、砂质弱胶结黏土层(黏土岩夹砂岩),强度低,受水的影响较大,承载力低。

因此,所研究的新近系地层是介于硬土和岩石之间的过渡性的地层,在沉积过程中呈未胶结或弱胶结状态,因此强度很低,在地下水的作用下工程施工非常困难。

根据上述内容进行分析,将新近系地层的岩体划分为硬土、软岩或者极软岩存在一定局限性,因此对新近系地层的分类和命名仍有待进一步深入研究。

4.2　新近系地层围岩特性

4.2.1　未胶结或弱胶结特性

新近系地层为河流陆相沉积岩,其强度在一定程度上取决于围岩的胶结程度、胶结类型、胶结物的类型和含量。地质勘查及施工揭露表明,新近系地层由未胶结砂层、弱胶结砂岩和黏土岩交叉或者互层组成,岩石为泥质弱胶结岩,沉积时间短。

1. 新近系未胶结砂层

(1)砂层密实但基本未胶结或胶结程度非常低,砂层粘粒含量为2.16%,在施工扰动和地下水的作用下呈散体状。

(2)粒径分布较均匀,粒径范围在0.075~2mm的砂粒含量为97.84%,松散结构,在自重与地下水荷载作用下极易发生变形,并产生滑移,瞬间破坏。

(3)工程现场施工表明,砂层含水率较大,极易失去原有的密实状态而成为流塑性状态,产生较大的流动性。

2. 弱胶结砂岩特性(岩性,受力,时间,胶结)

砂岩以砂粒为主,或以砂粒、粘粒结合,较密实、坚硬;弱胶结砂岩渗透系数较大,含水丰富,在地下水和施工开挖作用下易呈散体结构。

3. 弱胶结黏土岩的特性

(1)以黏土为主,含较多粉细砂粒或灰质、泥质结构,呈块状,试样以粘粒或砂粒为主,或以砂粒、粘粒结合,厚层状构造,成岩度低,较致密。

（2）粗粒含量约占 17.9%，含水率达 25% 以上，岩层为泥质或砂质弱胶结，胶结物强度低，交叉或互层岩层的层面裂隙发育，局部夹有砾石、卵石或钙结核，结构疏松，整体呈散体结构，成岩性差，胶结程度低。

（3）粉质黏土充填物的物理性状及力学强度随含水量的变化有很大变化，地下水对围岩起到软化和泥化作用，使岩石的孔隙率的排列方式等微观结构发生变化，改变土质性状，使岩体强度、变形特性发生较大变化。因此，弱胶结黏土岩的单轴抗压强度很小，凝聚力和变形模量 E 也很小，施工开挖后围岩无法自稳。

4.2.2　水稳性特征

试验结果分析如下。

（1）在地下水作用下，围岩稳定性明显变差，主要与未胶结砂层、弱胶结砂岩与交叉或互层层面的含水率变化及泥质含量有关。

（2）三轴试验结果表明，未胶结砂强度和稳定性受含水率、密实度、初始围压、循环应力比、循环荷载振动次数的影响较大，内摩擦角随含水率的增加而减小，含水率超过 14% 后内摩擦角明显降低，凝聚力随含水率的增大而显著减小。受较小含水率的影响，试样峰值强度随围压的增加明显降低，而试样峰值强度在较大含水率时受初始围压的影响减小。

（3）弱胶结砂岩、黏土岩互层岩石的力学试验表明，含水率对岩样的围岩力学参数有较大的影响，单轴抗压强度、变形模量随含水率的增大而明显降低，而泊松比随含水率的增大而增大，混合黏土岩样的变形模量随含水率的增加而大幅度减小。施工现场条件下岩样的含水率较高，饱和含水率更高，而单轴抗压强度、变形模量很小，分散性较大，泊松比因岩样不同差异性较大。

数值分析表明（详见 6.5 节），考虑地下水作用，毛洞开挖工况计算不收敛，内部岩体水力梯度变化范围为 1.05～1.59，洞周水力梯度变化范围为 1.59～4.25，不采取降水措施的情况下，洞周围岩水力梯度最大值为 4.25，存在很大的渗透破坏可能。有效实施降水后，围岩稳定性显著提高，施工得以顺利进行。

通过现场施工及现场试验表明，围岩的水稳性主要表现在以下几个方面。

（1）在施工过程中，随含水率变化和时间延续，围岩稳定性具有显著变化的特点。抽水试验中单孔最大出水量为 23.4L/s，表现为在开挖过程中的前 1 个小时内出水量很大，第 2 个小时内出水量基本可以淹没施工掌子面，无法施工。围压内的含水率的增长速度比较缓慢，随着时间增长，围岩含水率快速上升，当含水率在 14%～16% 时，围岩逐渐发生塑性变形，当含水率超过 16% 时开始发生流变，围岩的稳定性快速降低，工程性质加速恶化，无法进行施工。随着降水工作的开展，砂岩的含水率会逐渐下降，含水率降至 14% 以下时，围岩稳定性增强。

（2）围岩的稳定性受含水率的影响，且与其岩石岩性、结构密切相关。未胶结砂试样中,出水量粒径主要集中在 0.075～0.5mm,占粒径总含量的 96.2%,含少量卵石、砾石、钙质结核及粘粒(总含量的 2.16%)。在静三轴试验中,峰值强度、力学参数随着含水率的增大而明显减小,且随围压增加,较小的含水量的变化可能导致其力学参数大幅度降低;粉质黏土的颗粒组成小于 0.075mm 的粒径占82.1%,以粉粒、粘粒为主,出水量粒径主要集中在 0.075mm,比例为 17.9%,含水率对试样强度的影响较大,随含水率增加峰值强度及强度参数明显减小。砂岩的力学特性明显低于黏土岩的力学特性,且其受岩性、含水率和岩石结构的影响较大,随含水率的增加,混合结构的岩样单轴抗压强度、变形参数大幅度降低,这是导致施工围岩无法自稳的主要原因。

(3)围岩水稳性与孔隙水压力关系密切。未胶结砂样的动三轴试验表明,相对密度和动荷载对实测孔压时程曲线影响明显,孔隙水压力随相对密度的减小而增加。在超前深井群降水后,由于渗透漏斗的作用,在掌子面围岩的一些部位集聚的地下水不易排出,受到超前管棚支护和灌浆压力的作用,在工作面开挖时极易从交叉层面局部发生涌砂、涌水等地质灾害,导致围岩破坏。

4.2.3　易扰动性

新近系地层的施工对开挖卸荷、爆破振动和施工机械等扰动极为敏感,施工中易扰动性主要表现在如下几个方面。

(1)在施工中,由于砂岩、黏土岩中夹有钙结核或砾石,使得岩层软硬不均,人工和小型机械施工比较困难。在采用开挖断面中心部位探孔爆破松动施工时,极易导致施工断面出现拱部坍塌、边墙变形等破坏。

(2)在超前降水、超前支护(管棚、灌浆及排水)掘进时,围岩内扰动性加大,极易导致层面局部发生涌水、涌砂现象。

(3)上导施工后,超前支护和喷浆完成,由于围岩变形、不能有效限制沉降、地下水未及时排出或支护强度不足,下台阶及侧墙的局部部位崩塌或初支破坏,从而导致上台阶掌子向下滑移或产生外挤现象;在基底部位时,表层扰动后多呈软弱状,围岩稳定性差,变形、收敛较大。在后续开挖时,围岩卸荷松动极易导致塌方或泥石流的发生。

(4)数值分析表明,随着围压的减小,强度参数、变形模量的降低速率显著增大,而地下水、施工开挖扰动、超前支护措施及松动区范围增大等多种效应的叠加,可能会加速围岩变形、松动,直至发生渗流破坏。

4.2.4　工程施工中的主要工程力学特性

由于工程实际施工地质情况与原地质勘查资料相差很大,依据地质勘查资料确定的设计和施工措施难以有效实施,隧道围岩含水丰富,水压力大,渗透性为

$10^{-3} \sim 10^{-4}$,且可注性差,开挖时易发生涌水、涌砂、塌方、泥石流等隧道渗流大变形,并带来初期支护变形等地质灾害。在国内无独立设计范例,可借鉴经验少,施工难度极大,前期施工中无有效的施工方法来保证施工安全。施工中的主要工程力学特性如下。

(1)地下水处理问题。

由现场掌子面施工情况可知,施工难度极大的主要问题是出水量很大,岩层强度很低,岩性非常复杂,其中最关键的是实施有效降水的难度很大。前期隧道施工中发生的涌水、涌砂现象绝大多数出现在未胶结砂层以及交叉或互层的层面的局部位置,其共同点都是在封闭掌子面、完成超前支护及下台阶等工序后(一般持续时间为 2～3 天,如果渗流变形需要处理、时间更长),再次开挖掌子面时发生的。

(2)围岩强度低,水稳性差,掌子面无法自稳。

未胶结砂层的涌砂、涌水,导致交叉或互层的层面易发生涌水、涌砂,这加大了围岩松动范围,易造成塌方和泥石流等地质灾害,使顶拱及上导拱脚位置流水、涌砂,造成拱脚开挖施工困难。

(3)固结灌浆和超前支护难度大、效果差。

未胶结砂层原始状态下密实度高,结构紧密,弱胶结围岩呈散体结构、层面裂隙发育,含水率高,固结灌浆和超前支护破坏了原岩结构,极大的扰动造成岩体强度加速弱化及变形急剧增加,松动破坏范围向内加速发展,致使初支开裂、下沉变形甚至坍塌、渗流大变形等现象发生。

4.3　破坏机理及其对策分析

4.3.1　破坏机理分析

1. 破坏的主要因素

施工中围岩失稳的主要影响因素见表 4-6。

表 4-6　施工中围岩失稳的主要影响因素

因素	地下水	应力特性	强度特性	结构特性	支护条件
特性	含水层在顶板上方 10～20m	σ_v 为 3.0～4.0MPa 较大埋深,应力较大	σ_c 为 1～7MPa σ_t 为 1%～10% σ_c	未胶结、弱胶结、交叉或互层,夹钙结核	常规管棚-钢拱架-锚网-喷砼支护

2. 破坏机理

由表 4-6 可知,隧洞埋深较大,地下水丰富,地下水压较高,隧洞施工受地下水的影响较大。岩粒胶结程度差,围岩强度极低,受较大上覆荷载和地下水作用,在开挖、注浆及支护滞后等施工扰动下,强度很低的围岩在施工、支护过程中极易破坏。

4.3.2　工程施工对策分析

根据围岩工程力学特性和破坏机理,结合试验结果、支护结构和支护技术,为有效进行工程设计和顺利施工,必须制定合适、有效的施工对策。

(1)加强前期地质勘查和试验研究。

由于此类地层介于硬土与软岩之间,加强前期地质勘查工作,将工程施工特性、试验研究、数值分析紧密结合,并根据施工地质情况及时调整现场支护结构、施工技术和手段。

(2)地下水的处理问题是施工的首要关键性问题。

地下水的处理问题是隧洞施工中的首要问题,需要结合现场施工中地下水的渗流情况,采取合理、有效的降水措施,有效排出隧洞施工区域和掌子面前方围岩内的地下水,降低水压力,降低围岩含水率,提高施工中围岩抗渗流变形的能力。

(3)创新施工理念。

现有的先进施工理论和施工技术在该地层中并不具有适用性,因此,从试验结果和施工揭露的富含地下水的施工地质条件出发,创新施工理论,尽量避免围岩有较大的扰动,减少松散体及汇水通道的形成,这对围岩实施快速强支护、限制围岩的塑性变形或渗流变形有重要意义。

(4)创新施工技术。

对于新近系地层,必须创新施工技术。参考矿井、基坑、边坡等方面的施工技术,根据工程施工地质条件,提出切实有效的施工新技术,改善掌子面围岩应力状态,提高掌子面围岩强度,防止掌子面发生涌水、涌砂及渗流大变形等安全事故,从而保证施工围岩稳定性和工程安全。

第 5 章 富水新近系地层"先治水再施工"的隧洞施工新理念

地下水处理的问题是隧道流砂、流泥等施工难题中的关键技术问题。隧道建设实例表明,新近系地层中水对围岩的破坏作用尤为显著,地下水对隧道施工围岩的影响极大。异常复杂的水稳性特征导致隧道开挖过程中隧道围岩不同部位发生破坏,主要表现在围岩的力学特性复杂多变、围岩破坏形式极其复杂、施工工艺和支护方式相当复杂。

目前,隧洞施工中地下水的处理主要采用洞内降水技术,根据工程情况同时采用多种降水措施(薛禹群,1997;刘志峰等,2007;杜欣等,2010)。洞外深井群降水技术在基坑降水中使用较多(陈南祥,2008;李进军和王卫东,2010;水文地质手册,2012),但在深埋隧洞施工降水施工中应用较少。

为在施工中有效降低地下水,结合多年施工经验,最终引入洞外深井群超前降水技术。在现场抽水试验的基础上建立三维渗流-固耦合数值分析模型,反演分析水文地质参数,分析深井群抽水试验的降水效果和降水范围,对比分析不同深井群降水方案,确定洞外深井群降水方法,并在隧洞施工中验证了洞外深井群降水效果明显,为同类工程有效处理地下水问题提供了实践参考。

5.1 研究背景与内容

研究洞段位于桩号 10＋630～14＋530,对富水新近系围岩的稳定性进行研究。该洞段围岩主要为上第三系泥质钙质细砂岩、砂质黏土岩互层,局部夹薄层砾岩,且有地下水分布,围岩类别主要为不稳定 IV 类围岩和极不稳定 V 类围岩洞段,毛洞不能自稳,工程地质条件较差;在砂岩、砾岩洞段会发生流砂、涌砂等地质灾害,成洞困难。围岩透水性较强,隧洞存在渗漏问题,应对隧洞采取防渗及支护措施。引水隧洞围岩主要物理力学性质及强度指标参数详见表 5-1(根据前期物理力学试验确定)。

表 5-1　隧洞围岩主要物理力学参数建议值

围岩类别	地层岩性及时代	稳定程度	密度/(g/cm³)	内摩擦角 φ/(°)	凝聚力 c/MPa	E_0/GPa	泊松比 μ	K_0/(MPa/cm)
Ⅱ	T_1^1 石英砂岩、T_1^5 砂岩夹泥页岩	基本稳定	2.6	42.0	2.0	15.0	0.21	18
Ⅲ	T_1^5 砂岩夹泥页岩、T_1^6 泥质粉砂岩夹中细粒砂岩	局部稳定性差	2.4	37.0	1.1	7.0	0.26	12
Ⅳ	N 黏土岩夹砂岩、黏土岩	不稳定	2.2	22.0	0.038	0.25	0.33	3
Ⅴ	N 砂岩夹黏土岩、砾岩	极不稳定	2.0	25.0	0.037	0.3	0.40	0.8

注：表中，E_0 为变形模量；K_0 为无压隧洞单位弹性抗力系数。

5.1.1　问题的提出

根据工程地质资料可知，研究洞段主要存在地下水丰富和围岩稳定性差两大问题，分述如下。

(1) 研究洞段地下水丰富，地下水位高程为 233.435～242.226m，隧洞底板高程为 227.69～226.56m 左右。由于围岩透水性较强，且隧洞位于地下水位以下，存在开挖涌水、渗透稳定等问题，给施工带来很多困难，甚至无法施工。

(2) 研究洞段围岩类别主要为不稳定Ⅳ类围岩和极不稳定Ⅴ类围岩洞段，毛洞不能自稳，工程地质条件差。在未胶结砂层、砂岩与黏土岩交叉或互层洞段极易发生流砂、涌砂等地质灾害，成洞困难。施工设计中采用超前支护（超前管棚＋固结灌浆）、一次支护（钢支撑＋锚网＋喷 C20 混凝土）、二次支护（混凝土衬砌）的支护方案。确保隧洞开挖过程中的围岩稳定和施工安全，是整个工程的重点和难点。

地下水能够软化岩石，降低岩石力学参数；另一方面，地下水形成的渗流直接形成体积力荷载作用于围岩上，进一步降低围岩稳定性。因此，这两大问题可统一归为地下水位以下新近系弱胶结岩隧洞开挖的围岩稳定性问题。

5.1.2　研究内容

为保证施工安全和加快工程进度，结合所研究洞段的地质条件，施工中提出"先治水再施工"的隧洞施工新理念。为验证上述理念的科学性，选取典型洞段进行隧洞三维渗流场、应力场及其耦合分析，具体包括以下 3 个方面。

(1) 基于降水试验的围岩渗流场反分析

根据"先治水再施工"的隧洞施工理念，采用洞外深井群降水法施工，前期需进行降水试验勘察，为施工降水提供水文地质参数。降水试验野外工作于 2011 年 10 月 1 日至 2 日开展，随后进行室内资料整理。本书基于降水试验成果，进行围岩渗流场三维有限元反分析,确定各类围岩的渗透系数。

(2)采取洞外深井群降水措施时,隧洞区域渗流场分析

沿洞轴线两侧 5m 范围内交错布置降水井,采用不同的井中心间距,拟定四个方案进行三维有限元对比计算分析,着重分析地下水位的分布规律以及降水效果,确保地下水位降至隧洞开挖高程以下。通过方案对比选择推荐方案,确定降水井间距、抽水流量等参数。

(3)隧洞开挖流固耦合数值分析

在采用和不采用洞外深井群降水措施的情况下,分别进行隧洞开挖渗流应力耦合数值分析。通过对比两方案下围岩变形、破坏区范围等指标,研究洞外深井群降水措施对围岩稳定性的改善情况,确定洞外深井群降水措施的必要性。

5.2   数值计算的基本理论

5.2.1   渗流场计算基本理论

1. 达西定律

试验认为岩体中水流运动为层流,服从线性达西定律,即

$$v_i = k_i J_i = -k_i \frac{\partial H}{\partial s} \quad (i = x, y, z) \tag{5-1}$$

式中,v_i 为流速分量;k_i 为渗透系数;J_i 为水力坡降分量;H 为水头;s 为渗流路径。

2. 稳定渗流的基本微分方程

k_x、k_y、k_z 为三个方向的渗透系数,根据水流连续性方程,稳定渗流的基本微分方程可表示为

$$\frac{\partial}{\partial x}\left(k_x \frac{\partial H}{\partial x}\right) + \frac{\partial}{\partial y}\left(k_y \frac{\partial H}{\partial y}\right) + \frac{\partial}{\partial z}\left(k_z \frac{\partial H}{\partial z}\right) = 0 \tag{5-2}$$

相应地,渗流区域内的渗流能量可表示为

$$I(H) = \iiint\limits_{\Omega} \frac{1}{2}\left[k_x \left(\frac{\partial H}{\partial x}\right)^2 + k_y \left(\frac{\partial H}{\partial y}\right)^2 + k_z \left(\frac{\partial H}{\partial z}\right)^2\right]\mathrm{d}x\mathrm{d}y\mathrm{d}z \tag{5-3}$$

对于稳定渗流,基本微分方程的定解条件仅为边界条件。

3. 渗流分析的边界条件

常见的边界条件有如下几类:

1）第一类边界条件（Dirichlet 条件）

当渗流区域某一部分边界（比如 S_1）上的水头已知、法向流速未知时，其边界条件可以表述为

$$H(x,y,x)\big|_{s_1} = \varphi(x,y,z) \quad (x,y,z) \in S_1 \tag{5-4}$$

式中，$H(x,y,z)$ 为水头；$\rho(x,y,z)$ 为非饱和水土中的总位势。

2）第二类边界条件（Neumann 条件）

当渗流区域某一部分边界（比如 S_2）上的水头未知、法向流速已知时，其边界条件可以表述为

$$k\frac{\partial H}{\partial n}\bigg|_{s_2} = q(x,y,z), \quad (x,y,z) \in S_2 \tag{5-5}$$

式中，S_2 为具有给定流入流出流量的边界段；n 为 S_2 的外法线方向；$q(x,y,z)$ 为单位时间的流量。

3）自由面边界和溢出面边界条件

无压渗流自由面的边界条件可以表述为

$$\begin{cases} \dfrac{\partial H}{\partial n} = 0 \\ H(x,y,z) = z(x,y) \quad (x,y,z) \in S_3 \end{cases} \tag{5-6}$$

式中，$z(x,y)$ 为自由基准面向上的垂直坐标值。

溢出面的边界条件为

$$\begin{cases} \dfrac{\partial H}{\partial n} \neq 0 \\ H(x,y,x)\big|_{S_4} = z(x,y) \quad (x,y,z) \in S_4 \end{cases} \tag{5-7}$$

4. 渗流有限元分析的基本方程

由上述可知，三维稳定渗流问题可以归结为下列定解问题：

$$\frac{\partial}{\partial x}\left(k_x\frac{\partial H}{\partial x}\right) + \frac{\partial}{\partial y}\left(k_y\frac{\partial H}{\partial y}\right) + \frac{\partial}{\partial z}\left(k_z\frac{\partial H}{\partial z}\right) + \omega = 0 \tag{5-8a}$$

$$H(x,y,x)\big|_{s_1} = \varphi(x,y,z) \tag{5-8b}$$

$$k_x\frac{\partial H}{\partial x}\cos(n,x) + k_y\frac{\partial H}{\partial y}\cos(n,y) + k_z\frac{\partial H}{\partial z}\cos(n,z) = q \tag{5-8c}$$

$$H(x,y,x)\big|_{S_3+S_4} = z(x,y) \tag{5-8d}$$

式中，ω 为汇源流量；q 为渗流区域边界上单位面积流入（出）流量；S_1、S_2、S_3、S_4

分别为已知水头、已知流量、自由面、溢出面边界。

根据变分原理,上述定解问题等价于求能量泛函的极值问题,即

$$I(H) = \iiint\limits_{\Omega} \frac{1}{2} \left[k_x \left(\frac{\partial H}{\partial x} \right)^2 + k_y \left(\frac{\partial H}{\partial y} \right)^2 + k_z \left(\frac{\partial H}{\partial z} \right)^2 \right] \mathrm{d}x\mathrm{d}y\mathrm{d}z - \iint\limits_{S_2} qH\mathrm{d}s \Rightarrow \min \Bigg\}$$
$$H(x,y,z) \big|_{S_1} = \varphi(x,y,z)$$

$$(5-9)$$

根据研究区域的水文地质结构,进行渗流场 Ω 离散化,即

$$\Omega = \sum_{i=1}^{m} \Omega_i \tag{5-10}$$

某单元的水头插值函数可表示为(以 8 结点六面体等参元为例)

$$h(x,y,z) = \sum_{i=1}^{8} N_i(\xi,\eta,\zeta) H_i \tag{5-11}$$

式中, $N_i(\xi,\eta,\zeta)$ 为六面体单元的形函数; H_i 为单元结点水头值; ξ、η、ζ 为基本单元的局部坐标。

对式(5-9)取其变分等于零,并对各子区域迭加,可得到求解渗流场的有限元基本格式:

$$[\boldsymbol{K}]\{\boldsymbol{H}\} = \{\boldsymbol{F}\} \tag{5-12}$$

式中, $\{\boldsymbol{H}\}$ 为各结点水头值,即 $\{\boldsymbol{H}\} = \{H_1,H_2,\cdots,H_N\}$; $[\boldsymbol{K}]$ 为整体渗透矩阵,其元素 $K_{ij} = \sum\limits_{j=1}^{m_i} h_{ij}^{\mathrm{e}}$, $h_{ij}^{\mathrm{e}} = \iiint\limits_{\Omega_i} \{B_i\}^{\mathrm{T}}[\boldsymbol{M}]\{B_j\}\mathrm{d}x\mathrm{d}y\mathrm{d}z$;其中, $\{\boldsymbol{B}_i\} = \left[\frac{\partial N_i}{\partial x},\frac{\partial N_i}{\partial y},\frac{\partial N_i}{\partial z} \right]$,

$$[\boldsymbol{M}] = \begin{bmatrix} k_x & 0 & 0 \\ 0 & k_y & 0 \\ 0 & 0 & k_z \end{bmatrix}, \{\boldsymbol{F}\} = -\sum_{j=1}^{m_i} f_i^{\mathrm{e}} f_i = -\iiint\limits_{\Omega_i} \omega N_i \mathrm{d}x\mathrm{d}y\mathrm{d}z - \iint\limits_{S_2 \cap C_e i} q N_i \mathrm{d}s \text{。}$$

5. 渗透体积力计算

渗流体力与水力梯度成正比例,其计算公式为

$$p_x = -\gamma_w \frac{\partial \boldsymbol{H}}{\partial x} \tag{5-13}$$

$$p_y = -\gamma_w \frac{\partial \boldsymbol{H}}{\partial y} \tag{5-14}$$

$$p_z = -\gamma_w \frac{\partial \boldsymbol{H}}{\partial z} \tag{5-15}$$

式中，p_i 为渗透体积力，$i=x,y,z$；γ_w 为水的容重；H 为结点的渗流水头，由位置水头和压力水头组成。

5.2.2　显式有限差分法的基本理论

本研究采用 FLAC^{3D} 软件进行数值计算。该方法是基于 Cundall(1989)提出的一种显式有限差分法，其求解过程具有下列几个特点：①连续介质被离散为若干互相连接的实体单元，作用力均被集中在节点上；②变量关于空间和时间的一阶导数均用有限差分来近似；③采用动态松弛方法，应用质点运动方程求解，通过阻尼使系统运动衰减至平衡状态；④FLAC 方法在计算中不需通过迭代满足本构关系，只需使应力根据应力-应变关系随应变的变化而变化即可，因此较适合处理复杂的岩体工程问题。

1. 运动方程

FLAC^{3D} 以节点为计算对象，将力和质量均集中在节点上，然后通过运动方程在时域内进行求解。节点运动方程可表示为如下形式：

$$\frac{\partial v_i^l}{\partial t} = \frac{F_i^l(t)}{m^l} \qquad (5\text{-}16)$$

式中，$F_i^l(t)$ 为在 t 时刻 l 节点处在 i 方向的不平衡力分量，可由虚功原理导出；m^l 为 l 节点的集中质量，在分析静态问题时，采用虚拟质量以保证数值稳定，而在分析动态问题时则采用实际的集中质量。

将式(5-16)左端用中心差分来近似，可得

$$v_i^l\left(t+\frac{\Delta t}{2}\right) = v_i^l\left(t-\frac{\Delta t}{2}\right) + \frac{F_i^l(t)}{m^l}\Delta t \qquad (5\text{-}17)$$

2. 本构方程

应变速率与速度变量关系可写为

$$\dot{e}_{ij} = \left[\frac{\partial \dot{u}_i}{\partial x_j} + \frac{\partial \dot{u}_j}{\partial x_i}\right] \qquad (5\text{-}18)$$

式中，$\dot{e}_{ij}$ 为应变速率分量；$\dot{u}_i$ 为速度分量。

本构关系有如下形式：

$$\sigma_{ij} = M(\sigma_{ij}, \dot{e}_{ij}, \kappa) \qquad (5\text{-}19)$$

式中，k 为时间历史参数；G_{ij} 为应力分量；$M(\ \ )$ 为本构方程形式。

3. 应变、应力及节点不平衡力

FLAC^{3D}用速率来求某一时步的单元应变增量,如下式所示

$$\Delta e_{ij} = \frac{1}{2}(v_{i,j} + v_{j,i})\Delta t \tag{5-20}$$

式中,$v_{i,j}$和$v_{j,i}$为面上的速度分量。有了应变增量,即可由本构方程求出应力增量,用各时步的应力增量叠加即可得出总应力。

4. 阻尼力

对于静态问题,在式(5-1)不平衡力中加入了非黏性阻尼,从而使系统的振动逐渐衰减直至达到平衡状态(即不平衡力接近零)。此时式(5-1)变为

$$\frac{\partial v_i^l}{\partial t} = \frac{F_i^l(t) + f_i^l(t)}{m^l} \tag{5-21}$$

阻尼力为

$$f_i^l(t) = -\alpha \left| F_i^l(t) \right| \mathrm{sign}(v_i^l) \tag{5-22}$$

式中,α为阻尼系数。

$$\mathrm{sign}(y) = \begin{cases} 1, & y > 0 \\ -1, & y < 0 \\ 0, & y = 0 \end{cases} \tag{5-23}$$

5. 计算流程

FLAC^{3D}计算流程如下图 5-1 所示。

由以上原理可以看出,无论是动力问题还是静力问题,FLAC^{3D}程序均由运动方程用显式方法进行求解,这使得它很容易模拟振动、失稳、大变形等动力问题。对显式法来说,非线性本构关系与线性本构关系并无算法上的差别,对于已知的应变增量,可以很方便地求出应力增量并得到不平衡力,与实际中的物理过程一样,可以跟踪系统的演化过程。在计算过程中,程序能随意中断与进行,随意改变计算参数与边界条件,因此,较适合处理复杂的非线性岩体开挖卸荷效应问题。

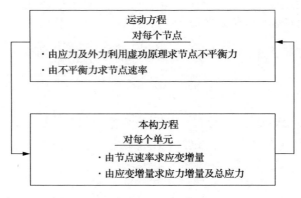

图 5-1　FLAC^{3D}方法计算流程

5.3　基于降水试验的隧洞区域渗流场反分析

5.3.1　降水试验

1. 试验方案

根据目前引黄入洛工程各施工标段工作进展情况,降水试验场地选择在Ⅷ标段 14$^{\#}$ 竖井周围进行降水试验。依据现场条件,在 14$^{\#}$ 竖井周围布设 5 个眼井,其中,安排四眼井抽水,编号分别为 1$^{\#}$、2$^{\#}$、3$^{\#}$、4$^{\#}$;安排 1 眼观测井进行地下水位观测,管井距离平洞轴线为 5m。管井参数见表 5-2。抽水井的抽水量为 80～100m^3/h,潜水泵扬程为 160m。降水井井底高程约为 176m(井深约为 120m),井径为600mm,井管直径为 360mm,采用钢筋砼预制井管,滤料选用 2～4mm 石英砂。降水井平、剖面布置分别见图 5-2 和图 5-3。

降水井地层及管井结构如图 5-4 所示,实际抽水井为 2$^{\#}$、3$^{\#}$ 和 4$^{\#}$,观测井为G1(1$^{\#}$抽水井测管堵塞,无法下入测绳),设计降水井单井井深至平洞底板下不小于 50m。

2. 主要成果

由于 1$^{\#}$降水井测管堵塞,无法下入测绳,实际降水井为 3 个井。抽水试验从10 月 1 日 15 时 20 分开始,至 10 月 2 日 5 时 20 分结束,历时 14 小时。停抽后即进行水位恢复,水位恢复从 10 月 2 日 5 时 20 分开始,至 15 时结束,历时 9 小时 40分,现场观测数据如表 5-3 和表 5-4 所示。根据 2$^{\#}$、3$^{\#}$、4$^{\#}$ 降水井实际观测情况,同时得出水量分别为 2090m^3/d、2196m^3/d、1339m^3/d。

表 5-2 试验井结构参数及抽水试验数据

井号	井管长/m	滤管埋深/m	沉淀管埋深/m	静水位埋深/m	动水位埋深/m	水位降深/m	t/h	Q /(L³/s)	T/h	水位恢复时间/h
2#	113.2	55~102	112~116	56.2	63.47	7.27	11.5	23.4	13	7
3#	116	64~104	112~116	56.4	92.2	35.8	12	23.15	11.5	7
4#	117.5	60~104	104~108	61	95.77	34.77	13	15.5	8	7
G1	113.3	48~124	112~116	54.86	67.95	13.09	5.5	—	—	7

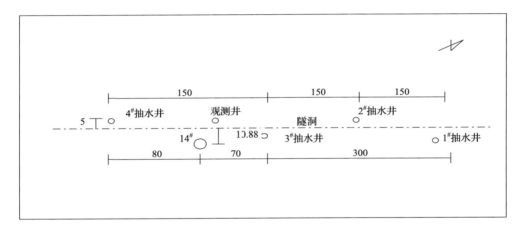

图 5-2 降水井平面布置示意图(单位:m)

3. 抽水试验结果分析

由表 5-3、表 5-4 和图 5-5 可知,出水量 Q 与其稳定时间、水位降深与其稳定时间都有差异,其主要原因在于新近系地层由砂岩、黏土岩、砾岩交叉及互层构成,分布规律性差,分散性较大(如图 5-4 所示),含水量丰富,黏土岩层为隔水层,砂岩和砾岩含水层为承压含水层,各测井间含水层存在垂直和水平补给。如 2# 降水井的地层由砂岩、砾岩和两层黏土岩隔水层形成的承压含水层(砂岩层厚为 24.9m,砾岩层厚为 13m)组成,抽水试验中表现为开始抽水时出水量 Q 最大,持续抽水 13 个小时后 Q 达到稳定,水位降深 S 在持续抽水 11.5 个小时深达到最大,在整个抽水试验中 S 一直在变化;3# 降水井的含水地层为承压含水层砂岩(层厚为 32m、砾岩(层厚为 23.9m),抽水试验中表现为开始抽水时出水量 Q 最大,持续抽水 11.5 个小时后 Q 达到稳定,水位降深 S 在持续抽水 12 个小时后深达到最大并稳定;4# 降水井地层为承压含水层砂岩(层厚为 12.9m)、砾岩(层厚为 19.7m),抽水井底层为黏土岩层,有效阻隔了地层下含水层中水的参与,抽水试验中表现为开始抽水时出水量 Q 最小,持续抽水 8 个小时后 Q 达到稳定,水位降深 S 在持续抽水 13 个小

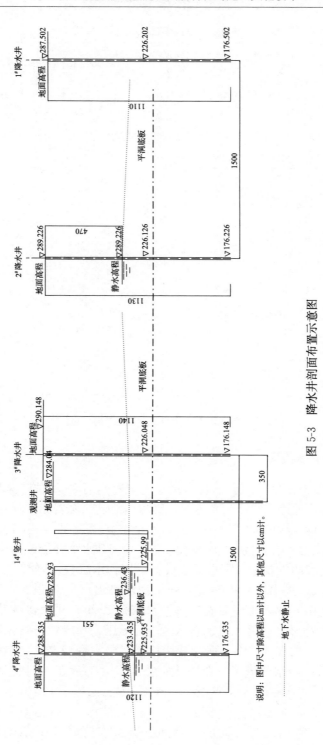

图 5-3　降水井剖面布置示意图

(b) 3#

底深/m	层厚/m	地层及管井图	岩性	说明
8.3	8.3		黄土状粉质粘土局部夹礓石	1. 井管采用钢筋砼预制管，管直径为360mm，位置为0~116.0m
24.5	16.2		黏土岩棕红色	2. 滤水管管径为360mm，位置为64.0~72.0m，76~88.0m，92.0~104.0m
31.8	7.3		粉质砂岩	
42.4	10.6		钙质细砂岩	
52.4	10.0		黏土质砂岩	3. 滤水管采用外包80目不锈钢滤网，垫条采用7根3cm竹片，30cm 10号铁丝一道进行捆扎
56.1	3.7		粉质砂岩	
64.1	8.0		泥质砂岩	
73.4	9.3		砾质砂岩	
77.1	3.7		泥质砂岩	4. 沉淀管管径为360mm，位置为112.0~116.0m
86.5	9.4		砾岩	
92.0	5.5		黏土岩	5. 滤料选用2~4mm石英砂
103.0	11.0		砂岩	
117.5	14.5		砾岩与泥质砂岩互层	

(a) 2#

底深/m	层厚/m	地层及管井图	岩性	说明
23.5	23.5		黄土状粉质黏土局部夹礓石	1. 井管采用钢筋砼预制管，管直径为360mm，位置为0~116.0m
41.5	18		钙质细砂岩	2. 滤水管管径为360mm，位置为55.0~68.0m，74.0~77.0m，81.0~90.0m，96~102m
56.5	15		黏土质砂岩	
68	11.5		粉质砂岩	3. 滤水管采用外包80目不锈钢滤网，垫条采用7根3cm竹片，30cm 10号铁丝一道进行捆扎
75	7		黏土岩	
78.5	3.5		砾质砂岩	
82.4	3.9		泥质砂岩	4. 沉淀管管径为360mm，位置为112.0~116.0m
97	14.6		黏土层	
103	6		砂岩	5. 滤料选用2~4mm石英砂
116	13		砾岩	

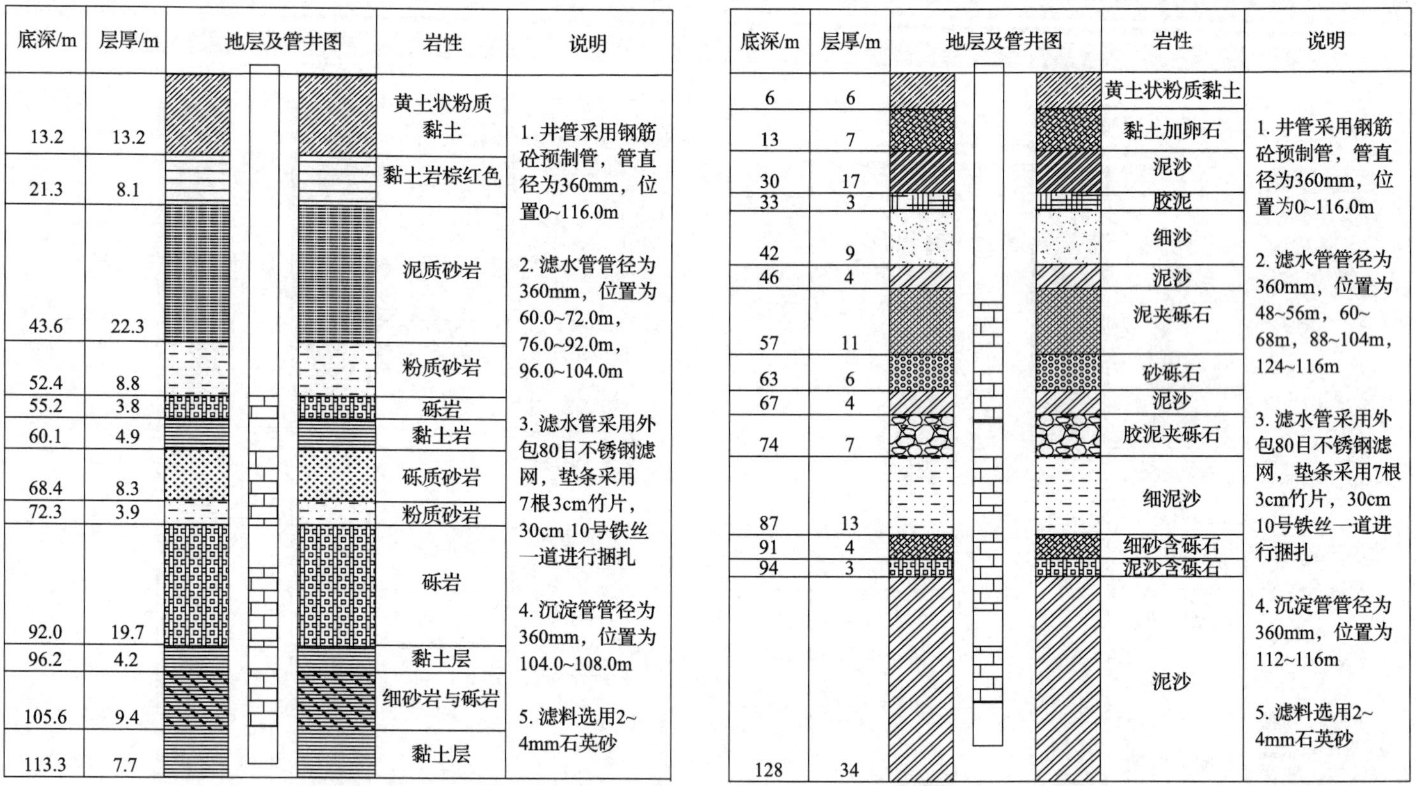

(d) G1

底深/m	层厚/m	地层及管井图	岩性	说明
6	6		黄土状粉质黏土	1. 井管采用钢筋砼预制管，管直径为360mm，位置为0~116.0m
13	7		黏土加卵石	2. 滤水管管径为360mm，位置为48~56m，60~68m，88~104m，124~116m
30	17		泥沙	3. 滤水管采用外包80目不锈钢滤网，垫条采用7根3cm竹片，30cm 10号铁丝一道进行捆扎
33	3		胶泥	
42	9		细沙	
46	4		泥沙	
57	11		泥夹砾石	
63	6		砂砾石	
67	4		泥沙	4. 沉淀管管径为360mm，位置为112~116m
74	7		胶泥夹砾石	
87	13		细泥沙	
91	4		细砂含砾石	
94	3		泥沙含砾石	5. 滤料选用2~4mm石英砂
128	34		泥沙	

(c) 4#

底深/m	层厚/m	地层及管井图	岩性	说明
13.2	13.2		黄土状粉质黏土	1. 井管采用钢筋砼预制管，管直径为360mm，位置0~116.0m
21.3	8.1		黏土岩棕红色	2. 滤水管管径为360mm，位置为60.0~72.0m，76.0~92.0m，96.0~104.0m
43.6	22.3		泥质砂岩	3. 滤水管采用外包80目不锈钢滤网，垫条采用7根3cm竹片，30cm 10号铁丝一道进行捆扎
52.4	8.8		粉质砂岩	
55.2	3.8		砾岩	
60.1	4.9		黏土层	
68.4	8.3		砾质砂岩	
72.3	3.9		粉质砂岩	
92.0	19.7		砾岩	4. 沉淀管管径为360mm，位置为104.0~108.0m
96.2	4.2		黏土层	
105.6	9.4		细砂岩与砾岩	5. 滤料选用2~4mm石英砂
113.3	7.7		黏土层	

图 5-4 降水井地层及管井结构

表 5-3　各降水井观测结果

序号	日期	时间	地下水水位埋深/m				出水量/(L/s)		
			4# 降水井	3# 降水井	2# 降水井	G1 观测井	4# 降水井	3# 降水井	2# 降水井
1	10.1	15:20	61.48	56.4	56.50	54.86	12.6	29.17	28.1
2	10.1	15:25	69.5	71.73	57.20	56.32	12.6	29.17	28.2
3	10.1	15:30	75.9	74.82	57.68	58.87	12.6	29.17	27.9
4	10.1	15:35	80.8	76.72	53.27	60.13	13.2	29.17	28.2
5	10.1	15:40	84.4	78.61	53.32	60.25	13.7	29.17	28.0
6	10.1	15:45	86.3	79.92	53.41	60.36	13.9	29.17	27.9
7	10.1	15:50	87.9	82.21	59.49	60.49	14.1	27.78	27.5
8	10.1	16:00	89.4	83.44	59.84	60.76	14.6	27.78	26.7
9	10.1	16:10	90.2	84.56	60.12	60.9	14.6	26.39	27.9
10	10.1	16:20	90.9	85.28	60.43	61.18	15	26.39	27.5
11	10.1	16:50	91.4	87.14	60.44	62.74	15.5	25.00	26.9
12	10.1	17:20	91.8	88.1	60.45	63.33	16.4	25.00	26.1
13	10.1	17:50	92.2	88.79	60.88	64.4	16.9	25.00	25.9
14	10.1	18:20	92.5	89.1	61.46	65.84	16.7	25.00	25.0
15	10.1	18:50	92.8	89.42	61.74	66.5	16.7	25.00	24.6
16	10.1	19:20	93.1	89.5	61.96	67.09	16.9	25.00	24.7
17	10.1	19:50	93.4	89.77	62.06	67.45	16.4	25.00	24.9
18	10.1	20:20	93.6	89.98	62.37	67.85	16.7	25.00	24.5
19	10.1	20:50	93.8	90.32	62.41	67.95	17	25.00	24.7
20	10.1	21:20	94	90.48	62.66	67.95	16.9	25.00	24.9
21	10.1	21:50	94.2	90.7	62.70	67.95	16.7	23.53	24.0
22	10.1	22:20	94.4	90.95	62.98	67.95	16.4	23.53	24.9
23	10.1	22:50	94.6	91.22	63.07	67.95	16.4	23.53	24.3
24	10.1	23:20	94.8	91.35	66.3.36	67.95	16.2	23.53	24.9
25	10.1	23:50	95	91.57	58.47	—	16.4	23.53	24.4
26	10.2	0:20	95.15	91.75	62.57	—	16.2	23.53	24.7
27	10.2	0:50	95.3	91.9	62.68	—	15.7	23.53	23.9
28	10.2	1:20	95.4	92.05	62.77	—	15.5	23.53	23.5
29	10.2	1:50	95.5	92.17	62.96	—	15.5	23.53	23.7
30	10.2	2:20	95.6	92.22	63.17	—	15.5	23.53	23.8
31	10.2	2:50	95.68	92.25	63.47	—	15.2	23.15	23.3
32	10.2	3:20	95.73	92.2	63.47	—	15.5	23.15	23.5
33	10.2	3:50	95.76	92.2	63.46	—	15.5	23.15	23.5
31	10.2	4:20	95.77	92.2	63.47	—	15.5	23.15	23.4
32	10.2	4:50	95.77	92.2	63.48	—	15.5	23.15	23.4
33	10.2	5:20	95.77	92.2	63.47	—	15.5	23.15	23.4

表 5-4　试验井恢复水位观测结果

序号	日期	时间	S_1/m			
			4# 降水井	G1 观测井	3# 降水井	2# 降水井
1	10. 2	5:20	95. 77	67. 95	92. 2	63. 47
2	10. 2	5:21	92	65. 84	89. 8	62. 09
3	10. 2	5:22	87	62. 74	87. 65	61. 16
4	10. 2	5:23	82. 2	60. 55	83. 6	60. 08
5	10. 2	5:24	78	59. 75	81. 55	59. 56
6	10. 2	5:26	74. 8	58. 95	79. 74	58. 87
7	10. 2	5:28	72	58. 15	78. 45	58. 59
8	10. 2	5:30	70. 5	57. 78	76. 29	58. 10
9	10. 2	5:35	68	57. 28	75. 35	58. 61
10	10. 2	5:40	66. 6	56. 9	74. 29	58. 60
11	10. 2	5:45	65. 2	56. 5	72. 25	58. 61
12	10. 2	5:50	63. 9	56. 22	70. 18	58. 57
13	10. 2	6:00	62. 5	55. 92	67. 45	58. 54
14	10. 2	6:20	62. 3	55. 77	65. 11	58. 51
15	10. 2	6:40	62. 1	55. 7	63. 05	58. 45
16	10. 2	7:00	62	55. 66	61. 97	58. 37
17	10. 2	7:20	61. 9	55. 6	59. 84	58. 3
18	10. 2	7:40	61. 8	55. 49	58. 9	58. 25
19	10. 2	8:00	61. 75	55. 46	58. 44	58. 17
20	10. 2	8:30	61. 7	55. 40	58. 11	58. 08
21	10. 2	9:00	61. 6	55. 36	57. 74	58. 01
22	10. 2	9:30	61. 6	55. 25	57. 35	57. 93
23	10. 2	10:00	61. 58	55. 21	57. 12	57. 85
24	10. 2	10:30	61. 55	55. 1	56. 85	57. 28
25	10. 2	11:00	61. 51	55	56. 67	56. 75
26	10. 2	11:30	61. 49	54. 9	56. 57	56. 65
27	10. 2	12:00	61. 49	54. 8	56. 51	56. 6
28	10. 2	12:30	61. 48	54. 86	56. 44	56. 55
29	10. 2	13:00	61. 48	54. 86	56. 4	56. 5
30	10. 2	13:30	61. 48	54. 86	56. 42	56. 5
31	10. 2	14:00	61. 48	54. 86	56. 4	56. 5
32	10. 2	14:30	61. 48	54. 86	56. 4	56. 45
33	10. 2	15:00	61. 48	54. 86	56. 4	56. 5

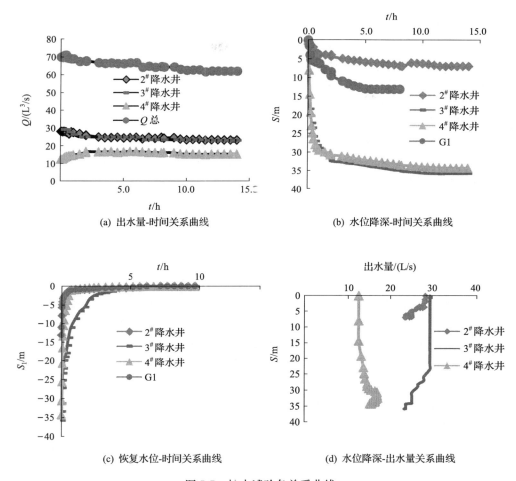

图 5-5　拍水试验各关系曲线

时后达到最大并稳定。$2^{\#}$、$3^{\#}$、$4^{\#}$ 降水井同时抽水,观测井 G1 在开始抽水 5.5 个小时后水位降深达到最大,水位由 54.86m 降至 67.95m,水位降深达 13.09m,G1 观测井底部高程为 216.09m,比高程为 226m 的平洞底板低近 10m,降水效果明显。在抽水停止后 7.5 小时内各井的水位恢复,说明含水层含水量丰富,有效降低地下水位是隧洞施工能够顺利实施的关键。

4. 水文地质参数计算

采用潜水完整井计算公式(《水文地质手册》,2012),计算渗透系数 K 和影响半径 R,列于表 5-5,计算公式如下:

$$\lg R = \frac{S_{\mathrm{w}}(2H - S_{\mathrm{w}}) \cdot \lg r_1 - S(2H - S) \cdot \lg r_{\mathrm{w}}}{(S_{\mathrm{w}} - S)(2H - S_{\mathrm{w}} - S)} \tag{5-24}$$

$$Q = \frac{0.733Q(\lg R - \lg r_{\mathrm{w}})}{(S_{\mathrm{w}} - S)(2H - S_{\mathrm{w}} - S)} \tag{5-25}$$

式中，S_{w} 为抽水井降深，m；r_{w} 为井径，m；H 为含水层厚度，m；r_1 为观测井至抽水井距离，m；S 为观测井内水位降深，m。

表 5-5　渗透系数 K 及影响半径 R

降水井	$K/(\mathrm{m/d})$	R/m
2#	5.2	65
3#	6.39	95
4#	8.31	102

5.3.2　围岩渗流场反分析计算条件

计算模型选在降水试验洞段，3# 降水井对应的隧洞桩号约为 14＋080，计算坐标原点选在桩号为 14＋080 的隧洞中心线零高程处。x 轴与隧洞轴线重合，指向下游为正，y 轴垂直于隧洞轴线，z 轴与大地坐标系重合。x 轴范围为（—225，225），y 轴范围为（—250，250），z 轴范围为（150，230）。相应的计算桩号范围为 13＋855～14＋305。

计算模型共划分为 27936 个八节点等参单元，31144 个节点，见图 5-6。其中降水井直径为 600mm，按排水面积等效为 471mm×471mm 的矩形，降水井透视图见图 5-7。

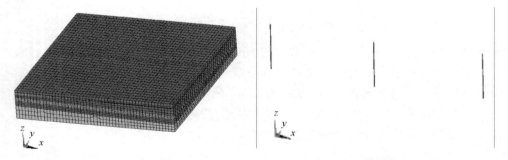

图 5-6　围岩渗流场反分析计算网格　　　图 5-7　围岩渗流场反分析降水井透视图

根据降水试验观测成果，天然地下水位取 234.0m，施加于模型的四个侧面。降水稳定后，2#、3#、4# 降水井取最低观测水位，分别为 225.8m、198.0m 和 192.8m。根据地质条件，计算模型包含两类围岩：黏土岩夹砂岩和砂岩夹黏土岩，渗透系数由渗流场反分析决定。

5.3.3　计算结果及分析

根据抽水井实际出水量进行渗流场反分析,不同围岩类别的渗透系数见表 5-6。

表 5-6　材料参数表

材料	地层岩性及时代	渗透系数 $K/(\text{cm/s})$
Ⅳ	N黏土岩夹砂岩、黏土岩	6×10^{-5}
Ⅴ	N砂岩夹黏土岩、砾岩	4×10^{-3}

不同断面渗流场压力水头分布见图 5-3～图 5-11。根据计算成果分析可知,降水井降水效果明显,在降水井四周形成"漏斗效应"。距离降水井越近,地下水位降低越明显。因此,施工过程中需根据降水井的影响范围确定合适的间距,确保将地下水位降至隧洞底板高程以下,为隧洞开挖围岩稳定创造条件。由于各降水井实际地质条件的差异,各降水井降水效果存在一定程度的差异。降水试验结果表明,2#降水井效果最差,4#降水井效果最好。反分析的渗流场与降水试验规律是一致的。

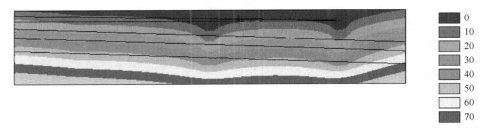

图 5-8　渗流场压力水头分布(单位:m)
沿隧洞轴线纵剖面

图 5-9　渗流场压力水头分布(单位:m)
隧洞桩号 13+930(2#降水井处)横剖面

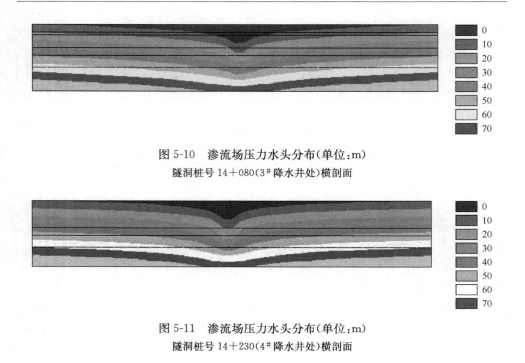

图 5-10　渗流场压力水头分布(单位:m)
隧洞桩号 14＋080(3#降水井处)横剖面

图 5-11　渗流场压力水头分布(单位:m)
隧洞桩号 14＋230(4#降水井处)横剖面

5.4　洞外"深井群降水"措施下隧洞区域渗流场分析

结合降水试验和上述围岩渗流场反分析的结果,初步拟定了降水井布置方案,沿洞轴线两侧 5m 范围内交错布置降水井,井底高程为 176.0m。拟定四个间距方案进行三维有限元渗流分析,计算结果表明,方案一和方案二能满足使隧洞开挖断面位于地下水位以上的要求,可以为围岩稳定创造条件。因此,建议降水井间距参数取为 50m～75m。

本文先通过降水试验,初步了解区域水文地质条件,再通过基于降水试验的渗流场反分析确定区域渗透参数,最后通过对不同降水方案进行渗流场正分析,选择经济合理的降水方案。与工程实践对比表明,采用"降水试验、渗流场反分析、渗流场正分析"的技术方法能比较经济地将地下水位降低至目标高程。

5.4.1　洞外深井群降水方案拟订

结合降水试验和上述围岩渗流场反分析的结果,初步拟定的降水井布置方案为,沿洞轴线两侧 5m 范围内交错布置降水井,井底高程为 176.0m。降水井中心间距根据三维渗流场分析确定,拟定四个间距方案进行比选:方案一的井中心间距为 50m;方案二的井中心间距为 75m;方案三的井中心间距为 100m;方案四的井中心间距为 125m。

5.4.2　计算条件

1. 计算模型

计算坐标原点选在桩号 14+080 隧洞中心线零高程处。x 轴与隧洞轴线重合,指向下游为正,y 轴垂直于隧洞轴线,z 轴与大地坐标系重合。考虑到在降水井影响下的渗流场是基本对称的,沿隧洞方向的计算边界取在两个排水井的正中间,该处地下水位最高,可设置为流量为 0 的边界。不同排水井布置方案的计算范围如下。

(1) 方案一:x 轴范围($-75,75$),y 轴范围($-250,250$),z 轴范围($150,230$)。相应的计算范围桩号为 14+005~14+155。计算模型和降水井透视图见图 5-12。

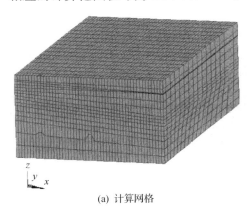
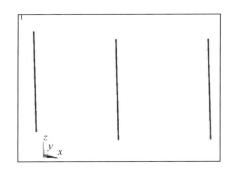

(a) 计算网格　　　　　　　　　　　　　　　(b) 降水井透视图

图 5-12　方案一

(2) 方案二:x 轴范围($-112.5,112.5$),y 轴范围($-250,250$),z 轴范围($150,230$)。相应的计算范围桩号为 13+967.5~14+192.5。计算模型和降水井透视图见图 5-13。

(3) 方案三:x 轴范围($-150,150$),y 轴范围($-250,250$),z 轴范围($150,230$)。相应的计算范围桩号为 13+930~14+230。计算模型和降水井透视图见图 5-14。

(4) 方案四:x 轴范围($-187.5,187.5$),y 轴范围($-250,250$),z 轴范围($150,230$)。相应的计算范围桩号为 13+892.5~14+267.5。计算模型和降水井透视图见图 5-15。

对于上述所有的方案,计算模型均共划分为 27936 个八节点等参单元,31144 个节点。其中降水井直径为 600mm,按排水面积等效为 471mm×471mm 的矩形。

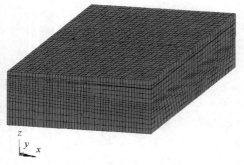

(a) 计算网格

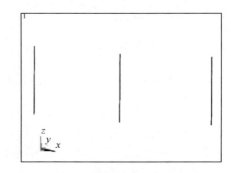

(b) 降水井透视图

图 5-13　方案二

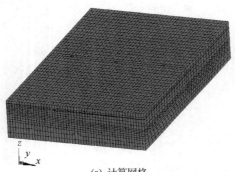

(a) 计算网格

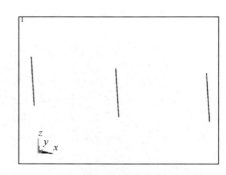

(b) 降水井透视图

图 5-14　方案三

(a) 计算网格

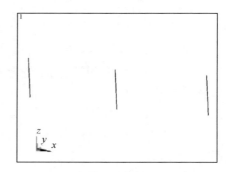

(b) 降水井透视图

图 5-15　方案四

2. 材料参数

研究洞段主要包含两类围岩：黏土岩夹砂岩和砂岩夹黏土岩。其中砂岩夹黏土岩透水性强，稳定性差。为使三维有限元渗流分析成果适用于整条隧洞，模型材料参数按砂岩夹黏土岩取值。根据反分析结果，渗透系数取为 $4×10^{-3}$cm/s。

3. 边界条件

根据降水试验观测成果，天然地下水位取 234.0m，施加于模型 $y=250$m 和 $y=-250$m 两个侧面，另外两个侧面取为流量为 0 边界。降水试验期间降水井最大抽水量为 2196m³/d，取各降水井流量为 0.025m³/s，根据流量反算降水井内水位，作为已知水头边界。

5.4.3　计算结果及分析

1. 方案一（井中心间距为 50m）

不同断面渗流场压力水头分布见图 5-16～图 5-18。降水井四周形成"漏斗效

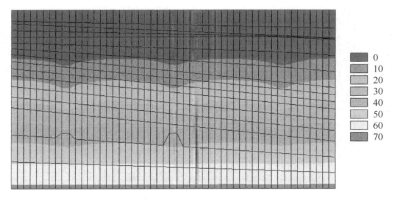

图 5-16　方案一渗流场压力水头分布（单位：m）
沿隧洞轴线纵剖面，$y=0$ 平面

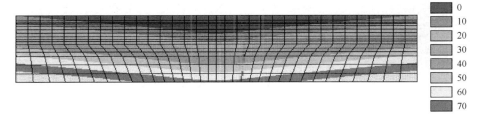

图 5-17　方案一渗流场压力水头分布（单位：m）
隧洞桩号 14＋080（涌水丰处）横剖面，$x=0$ 平面

应",距离降水井越近,地下水位降低越明显。两降水井间地下水位平滑衔接,最高地下水位为 210.8m,位于两降水井中部,最低地下水位为 206m,位于降水井处。

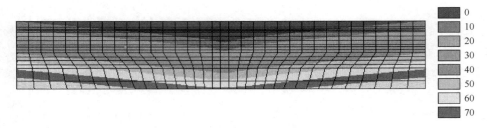

图 5-18　方案一渗流场压力水头分布(单位:m)

隧洞桩号 14+055(两降水井中部),$x=-25$m 平面

2. 方案二(井中心间距为 75m)

不同断面渗流场压力水头分布见图 5-19～图 5-21。降水井四周形成"漏斗效应",距离降水井越近,地下水位降低越明显。两降水井间地下水位平滑衔接,最高地下水位为 221.2m,位于两降水井中部,最低地下水位为 216m,位于降水井处。

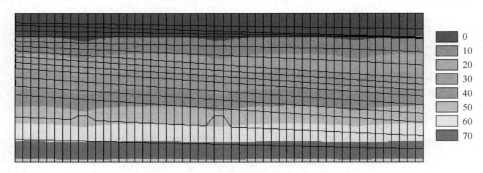

图 5-19　方案二渗流场压力水头分布(单位:m)

沿隧洞轴线纵剖面,$y=0$ 平面

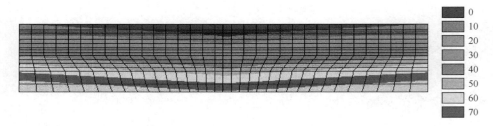

图 5-20　方案二渗流场压力水头分布(单位:m)

隧洞桩号 14+080(降水井处)横剖面,$x=0$ 平面

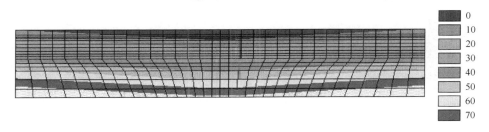

图 5-21　方案二渗流场压力水头分布(单位:m)

隧洞桩号 14+042.5(两降水井中部)横剖面,$x=-37.5$m 平面

3. 方案三(井中心间距为 100m)

不同断面渗流场压力水头分布见图 5-22～图 5-24。降水井四周形成"漏斗效应",距离降水井越近,地下水位降低越明显。两降水井间地下水位平滑衔接,最高地下水位为 224.7m,位于两降水井中部。最低地下水位为 219m,位于降水井处。

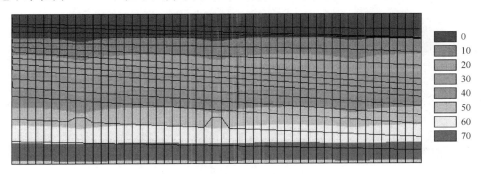

图 5-22　方案三渗流场压力水头分布(单位:m)

沿隧洞轴线纵剖面,$y=0$ 平面

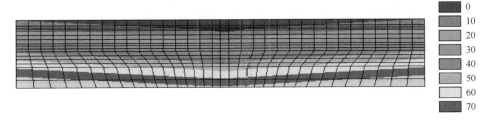

图 5-23　方案三渗流场压力水头分布(单位:m)

隧洞桩号 14+080(降水井处)横剖面,$x=0$ 平面

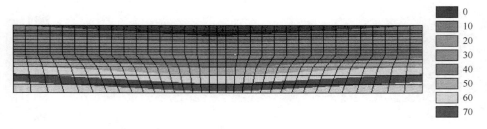

图 5-24　方案三渗流场压力水头分布(单位:m)

隧洞桩号 14+030(两降水井中部)横剖面,$x=-50$m 平面

4. 方案四(井中心间距为 125m)

不同断面渗流场压力水头分布见图 5-25~图 5-27。降水井四周形成"漏斗效

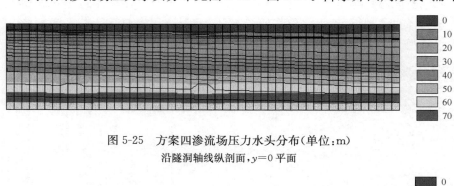

图 5-25　方案四渗流场压力水头分布(单位:m)

沿隧洞轴线纵剖面,$y=0$ 平面

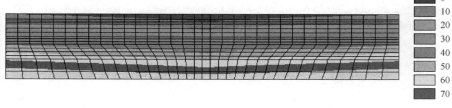

图 5-26　方案四渗流场压力水头分布(单位:m)

隧洞桩号 14+080(降水井处)横剖面,$x=0$ 平面

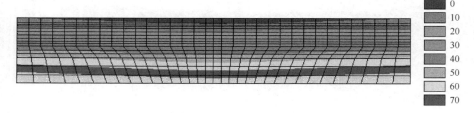

图 5-27　方案四渗流场压力水头分布(单位:m)

隧洞桩号 14+017.5(两降水井中部)横剖面,$x=-62.5$m 平面

应",距离降水井越近,地下水位降低越明显。两降水井间地下水位平滑衔接,最高地下水位为 224.7m,位于两降水井中部,最低地下水位为 219m,位于降水井处。

5. 方案比较

不同降水井布置方案下的渗流场分布规律相似,区别仅在数量值上。不同降水井布置方案下沿隧洞纵剖面最高地下水位和最低地下水位及其降幅见表 5-7。

表 5-7　沿隧洞纵剖面最高地下水位和最低地下水位　　　(单位:m)

降水井布置方案	最高地下水位	最高地下水位降幅	最低地下水位	最低地下水位降幅
方案一	210.8	23.5	206.0	28.0
方案二	221.2	12.8	216.0	18.0
方案三	224.7	9.3	219.0	15.0
方案四	226.9	7.1	221.0	13.0

对于桩号 12+187.8~14+656 段隧洞而言,根据地质资料,地下水位高程为 233.435~242.226m,隧洞底板高程为 227.69~226.56m,地下水位降低 15.67m 即可保证隧洞开挖断面位于地下水位以上,可为围岩稳定创造条件。

从表 5-7 可以看出,降水井间距越小,降水效果越好。对于方案一而言,地下水位由 234.0m 降低至 206~210.8m,降幅为 23.5~28m;对于方案二而言,地下水位由 234.0m 降低至 216~221.2m,降幅为 12.8~18m。由此可见,方案一和方案二均能满足要求,故建议降水井间距参数取为 50~75m。对于地下水位相对较高的洞段,可取降水井间距为 50m;对于地下水位相对较低的部位则可取 75m。

5.5　不采取降水措施时隧洞开挖渗流场分析

为研究采用降水措施对围岩稳定的影响,需分别对采取降水措施和不采取降水措施两种情况下隧洞开挖的围岩稳定性进行分析。在采取降水措施的情况下,地下水位可控制在隧洞开挖断面以下,隧洞开挖稳定分析可不考虑地下水作用。而在不采取降水措施的情况下,则须考虑地下水作用。为此,本节建立三维有限元模型对不采取降水措施时隧洞开挖的渗流场进行数值分析。计算结果表明,在不采取降水措施的情况下,洞周围岩水力梯度最大值为 4.25,存在很大的渗透破坏的可能性。由此可见,采用洞外深井群降水措施,将地下水位降低到开挖面以下是非常必要的。本节的渗流场分析还为隧洞开挖的围岩稳定分析提供了地下水渗透体积力荷载。

5.5.1　计算条件

1. 计算模型

计算坐标原点选在桩号 14+000 隧洞中心线零高程处。x 轴垂直于隧洞轴线重合，y 轴与隧洞轴线平行，z 轴与大地坐标系重合。x 轴范围$(-50,50)$，y 轴范围$(0,15)$，z 轴范围$(200,290)$。相应的计算范围桩号为 14+000～14+015。

计算模型共划分为 15035 个六面体单元，18672 个节点，如图 5-28 所示。计算模型中隧洞开挖面附近局部如图 5-29 所示。

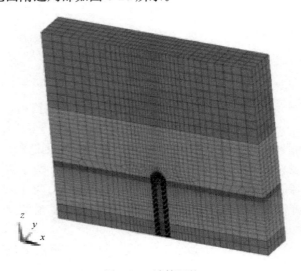

图 5-28　计算网格

图 5-29　隧洞开挖面附近局部计算网格

2. 材料参数

研究洞段主要包含两类围岩：黏土岩夹砂岩和砂岩夹黏土岩，计算参数由基于降水试验的渗流场反分析得到，见表 5-8。

表 5-8　材料参数表

材料	地层岩性及时代	渗透系数 K/(cm/s)
Ⅳ	N 黏土岩夹砂岩、黏土岩	6×10^{-5}
Ⅴ	N 砂岩夹黏土岩、砾岩	4×10^{-3}

3. 边界条件

根据降水试验观测成果，天然地下水位取 234.0m，施加于模型 $z=234$m 的水平面；考虑隧洞开挖对远处渗流场无影响，模型四个侧面取为流量为 0 的边界，隧洞开挖面取为溢出边界。

5.5.2　计算结果及分析

渗流场总水头分布见图 5-30 和图 5-31，流速矢量分布见图 5-32，水力梯度分布见图 5-33。隧洞开挖后，洞周变为临空面，形成溢出边界，导致渗流场重分布，地下水向洞周流动。对于施工中隧洞开挖揭示的细砂层，相关规范建议水平段临界渗透比降为 0.05～0.07，出口段临界渗透比降为 0.25～0.30。根据计算结果，

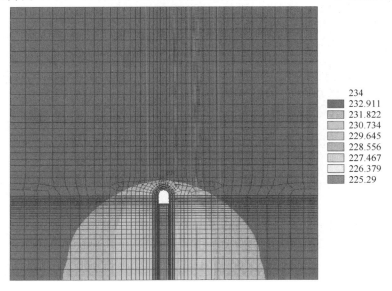

图 5-30　渗流场总水头分布(单位：m)

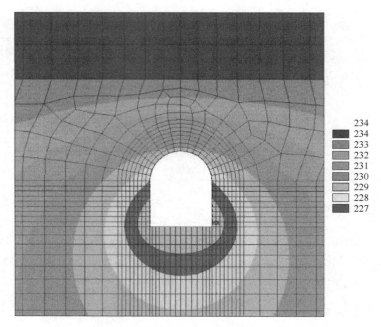

图 5-31　渗流场总水头分布(洞周局部范围)(单位:m)

内部岩体水力梯度变化范围为 1.05～1.59,洞周水力梯度变化范围为 1.59～4.25,由此可见,发生渗透失稳的风险很大。

图 5-32　流速矢量分布

　　值得说明的是,开挖后随着时间的推移,地下水位将会逐渐降低,形成稳定的漏斗形自由面,相应的水力梯度和渗透体积力也会降低。考虑到围岩失稳往往在开挖后随即发生,出于保守考虑,本次计算不考虑隧洞开挖后引起的地下水位降低。

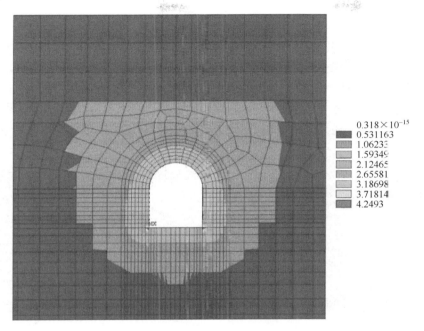

图 5-33 水力梯度分布

5.6 隧洞开挖围岩稳定分析

本节选取典型洞段,进行地下水位以下软岩区引水隧洞围岩稳定数值分析。计算情况分考虑地下水作用和不考虑地下水作用两种情况。计算结果表明,考虑地下水作用,毛洞开挖工况计算不收敛,由于围岩力学参数低,加之地下水作用,围岩不能自稳。不考虑地下水作用能显著提高围岩稳定性。因此,对于本工程而言,需采用"先治水再施工"的隧洞施工理念。

试验同时计算了在各种支护措施下围岩的稳定性。计算结果表明,当一次支护达到一定强度后,即可确保隧洞开挖围岩稳定。由此可见,一次支护和二次支护对于围岩稳定有决定性的作用,应及时实施,且越早实施越利于围岩稳定。而超前支护主要起辅助作用,保证围岩开挖后至一次支护达到一定强度前这段时间的围岩稳定。

5.6.1　计算条件

1. 计算模型

计算坐标原点选在桩号 14＋000 隧洞中心线零高程处。x 轴垂直于隧洞轴线重合，y 轴与隧洞轴线平行，z 轴与大地坐标系重合。x 轴范围($-50,50$)，y 轴范围($0,15$)，z 轴范围($200,290$)。相应的计算范围桩号为 14＋000～14＋015。

计算模型共划分为 15035 个六面体单元，18672 个节点，见图 5-34。计算模型中隧洞开挖面附近局部见图 5-35，隧洞开挖围岩稳定分析采用与渗流分析相同的计算模型。

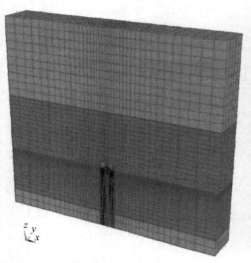

图 5-34　计算网格　　　　　　　图 5-35　隧洞开挖面附近局部计算网格

2. 材料参数

研究洞段围岩主要为上第三系砂岩夹黏土岩、砾岩、黏土岩夹砂岩、黏土岩互层，局部夹薄层砾岩，以Ⅳ类、Ⅴ类岩为主。计算采用的岩体力学参数见表 5-9。岩体材料用弹塑性模型进行模拟，采用带拉应力的摩尔-库伦屈服准则。混凝土材料按弹性进行模拟，以便分析混凝土的应力状况。

表 5-9　计算采用的岩体力学参数

材料	密度/(kg/m³)	变形模量/GPa	泊松比	C/MPa	φ/(°)	抗拉强度/MPa
N 砂岩夹黏土岩	2000	0.3	0.4	0.037	25	0.03
N 黏土岩夹砂岩	2200	0.25	0.33	0.038	22	0.03
超前支护岩体	2000	1.5	0.33	0.08	25	0.06
喷 20 混凝土	2400	25.5	0.167	—	—	—
C25 混凝土衬砌	2400	28	0.167	—	—	—

3. 边界条件

对模型四周采用法向约束,底部 x、y、z 三个方向的位移全部约束。由于模型已建立至地表,模型上表面不约束。

4. 计算工况

根据隧洞开挖的施工过程以及对比分析的需要,拟定计算工况如下。

工况 A:初始地应力计算;工况 B:毛洞开挖;工况 C:开挖后即进行一次支护("钢支撑＋喷 C20 砼");工况 D:开挖后即进行两次支护,即"一次支护('钢支撑＋喷 C20 砼')＋二次支护(C25 砼衬砌)";工况 E:超前支护后开挖。

对于除初始地应力外的其余工况,又分为不考虑地下水作用和考虑地下水作用两种情况。拟定的计算工况及其编号见表 5-10。

表 5-10　计算工况表

计算工况	考虑地下水作用	不考虑地下水作用
初始地应力计算	A1	A2
毛洞开挖	B1	B2
开挖后即进行一次支护	C1	C2
开挖后即进行两次支护	D1	D2
超前支护后开挖	E1	E2

5.6.2　考虑地下水作用计算结果分析

1. 初始地应力

初始地应力分布见图 5-36～图 5-38。规定应力以拉应力为正,压应力为负;位移以顺坐标轴方向为正,逆坐标轴方向为负。围岩初始地应力场分布较为均匀,σ_z 大小在 $0\sim-1.77$MPa 范围内变化,σ_x 大小在 $0\sim-1.08$MPa 范围内变化,σ_y

大小在 0～－1.08MPa 范围内变化,侧压力系数约为 0.61。地应力由自重产生,量值大小与高程密切相关。

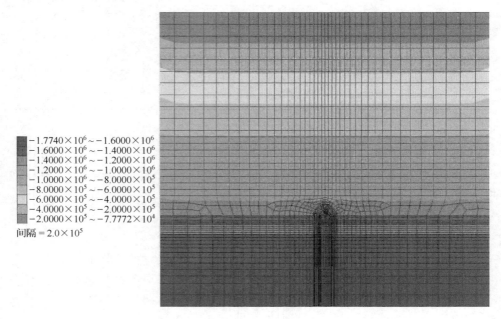

图 5-36　初始地应力 σ_z 分布(单位:Pa)

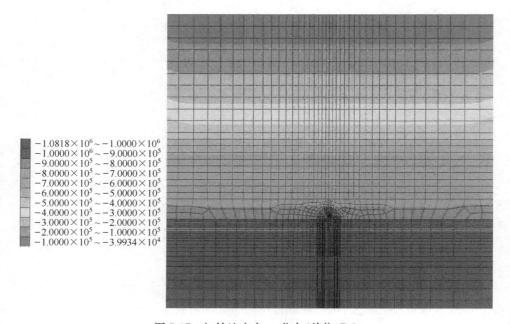

图 5-37　初始地应力 σ_x 分布(单位:Pa)

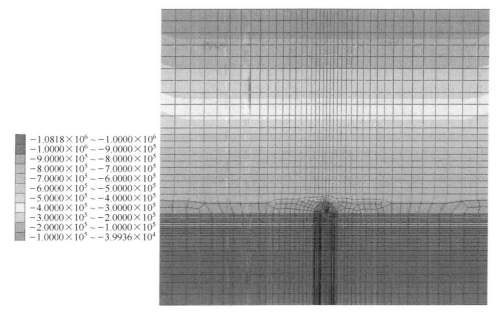

図 5-38　初始地应力 σ_y 分布（单位：Pa）

2. 毛洞开挖

隧洞开挖后，洞周形成临空面，洞周边基本是向洞内变位。洞顶位移监测见图 5-39，边墙位移监测见图 5-40。图中 x 轴为计算荷载步，y 轴为计算位移。可以看出，由于围岩力学参数很低，加之地下水作用，洞周位移计算不收敛，围岩不能自稳。

洞周围岩破坏区见图 5-41。本报告破坏区图例：None 表示未破坏，shear-n 表示在当前循环中剪切破坏，shear-p 表示在以前循环中剪切破坏，tension-n 表示在当前循环中拉伸破坏，tension-p 表示在以前循环中拉伸破坏。围岩破坏区范围很大，破坏区延伸至地表，可见将发生大规模的塌方。

3. 开挖后即进行一次支护

隧洞开挖后立即采用临时支撑措施，喷 C20 砼封闭。洞周位移分布见图 5-42 和图 5-43。洞周位移最大值约为 143mm，位于底板处。开挖后即进行一次支护，计算能够收敛，说明及时进行一次支护能有效提高围岩稳定性。然而洞周位移量值仍较大，开挖后围岩失稳的可能性仍很大。

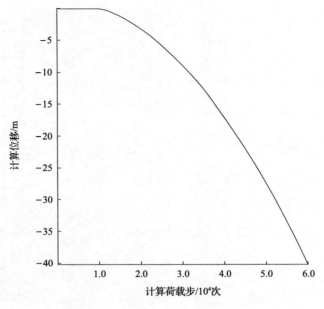

图 5-39 毛洞开挖洞顶位移监测

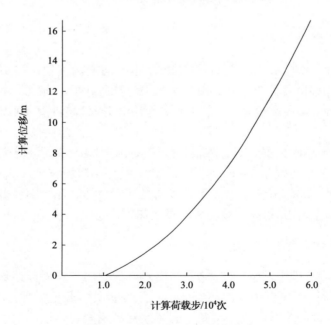

图 5-40 毛洞开挖边墙位移监测

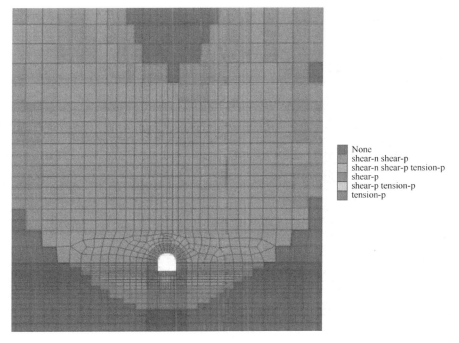

图 5-41　毛洞开挖围岩破坏区分布

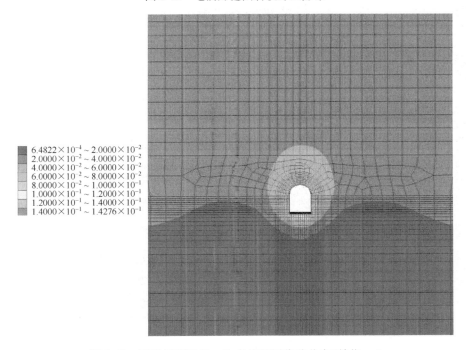

图 5-42　开挖后即进行一次支护洞周位移分布(单位:m)

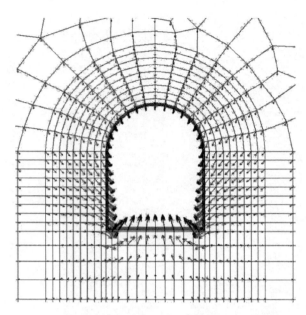

图 5-43　开挖后即进行一次支护洞周位移矢量

　　洞周围岩主应力分布见图 5-44 和图 5-45。隧洞开挖完毕,洞周围岩应力分布较均匀。在第一主应力局部出现拉应力,最大拉应力值为 0.71MPa。喷 C20 砼最大拉应力值小于砼的抗拉强度设计值 1.1MPa,说明开挖后及时进行一次支护封闭,当喷 C20 砼达到一定强度后,不会发生混凝土破坏。

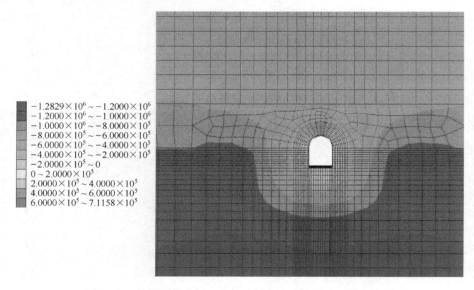

图 5-44　开挖后即进行一次支护第一主应力分布(单位:Pa)

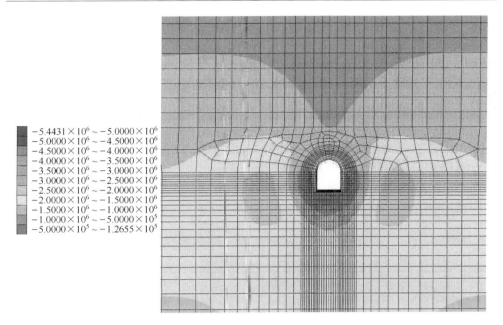

-5.4431×10⁶ ~ -5.0000×10⁶
-5.0000×10⁶ ~ -4.5000×10⁶
-4.5000×10⁶ ~ -4.0000×10⁶
-4.0000×10⁶ ~ -3.5000×10⁶
-3.5000×10⁶ ~ -3.0000×10⁶
-3.0000×10⁶ ~ -2.5000×10⁶
-2.5000×10⁶ ~ -2.0000×10⁶
-2.0000×10⁶ ~ -1.5000×10⁶
-1.5000×10⁶ ~ -1.0000×10⁶
-1.0000×10⁶ ~ -5.0000×10⁵
-5.0000×10⁵ ~ -1.2655×10⁵

图 5-45   开挖后即进行一次支护第三主应力分布(单位:Pa)

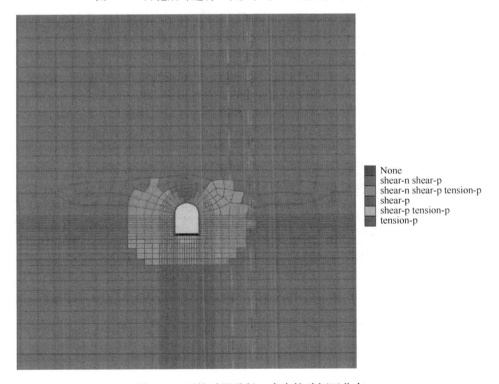

None
shear-n shear-p
shear-n shear-p tension-p
shear-p
shear-p tension-p
tension-p

图 5-46   开挖后即进行一次支护破坏区分布

洞周围岩破坏区见图 5-46,洞周围岩除正顶拱局部区域外均进入塑性区和拉裂区。最大破坏区深度约为 6.1m。由图 5-46 可知,开挖后即进行一次支护,围岩破坏区范围显著减小。然而破坏区深度仍较大,在开挖后、一次支护达到一定强度前,围岩发生塌方的可能性仍然存在,尤其是顶拱下部及边墙上部范围。一次支护达到一定强度之前的这段时间是保证围岩稳定的关键。

4. 开挖后即进行两次支护

隧洞开挖后,立即采用临时支撑措施,喷 C20 砼封闭,随即进行 C25 混凝土衬砌。洞周位移分布见图 5-47 和图 5-48,洞周位移最大值约为 9mm,位于边墙处。可以看出,通过两次支护后,洞周位移较小,围岩稳定是有保证的。

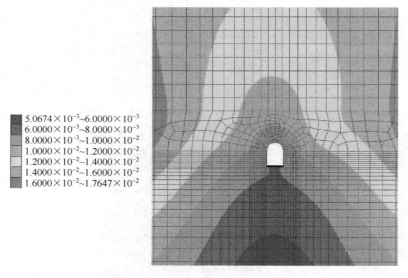

$5.0674 \times 10^{-3} \sim 6.0000 \times 10^{-3}$
$6.0000 \times 10^{-3} \sim 8.0000 \times 10^{-3}$
$8.0000 \times 10^{-3} \sim 1.0000 \times 10^{-2}$
$1.0000 \times 10^{-2} \sim 1.2000 \times 10^{-2}$
$1.2000 \times 10^{-2} \sim 1.4000 \times 10^{-2}$
$1.4000 \times 10^{-2} \sim 1.6000 \times 10^{-2}$
$1.6000 \times 10^{-2} \sim 1.7647 \times 10^{-2}$

图 5-47　开挖后即进行两次支护洞周位移分布(单位:m)

洞周围岩主应力分布见图 5-49 和图 5-50。隧洞开挖完毕,洞周围岩应力分布较均匀。在第一主应力局部出现拉应力,在最大拉应力值为 0.45MPa。喷 C20 砼和 C25 衬砌砼最大拉应力值均小于砼的抗拉强度设计值 1.27MPa,说明当两次支护混凝土达到一定强度后,不会发生混凝土破坏。

从洞周围岩破坏区看,在开挖后即进行两次支护的情况下,洞周围岩没有破坏区,可见当 C25 混凝土衬砌达到一定强度后,围岩稳定是有保障的。实际施工过程中,围岩的支护措施难免会有一定的滞后性,因此越早支护越利于围岩稳定。

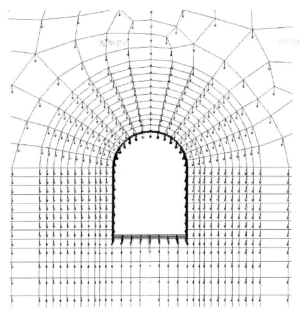

图 5-48　开挖后即进行两次支护洞周位移矢量

图 5-49　开挖后即进行两次支护第一主应力分布(单位:Pa)

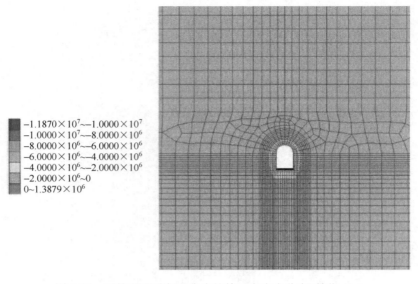

图 5-50　开挖后即进行两次支护第三主应力分布(单位:Pa)

5. 超前支护后开挖

从上述数值计算可知,当一次支护达到一定强度后,即可确保隧洞围岩稳定。然而,一次支护难免存在一定的滞后性。在实际施工过程中,为保证隧洞开挖后、支护达到一定强度之前的围岩稳定,采用超前支护措施("超前管棚+固结灌浆"),加固范围为顶拱范围。

隧洞开挖后,洞周形成临空面,洞周边基本是向洞内变位。洞周位移分布见图 5-51和图 5-52。洞周位移最大值约为 674mm,位于边墙中部;底板最大回弹约为 250mm;顶拱最大下沉约为 500mm。由于地质条件较差,加之地下水作用,洞周变形很大,量值明显超过正常范围,开挖后围岩失稳的可能性极大。

洞周围岩主应力分布见图 5-53 和图 5-54。隧洞开挖完毕,洞周围岩应力分布较均匀。在第一主应力局部出现拉应力,最大拉应力值为 7.8kPa。洞周围岩主应力矢量分布见图 5-55。从主应力矢量的角度来看,矢量呈现出第一主应力为径向,第三主应力为切向的规律,且洞周围岩表面切向应力较大,径向应力较小。

洞周围岩破坏区见图 5-56。洞周围岩全部进入塑性区和拉裂区,最大破坏区深度约为 60m。可以看出,超前支护能改善围岩稳定性。但由于围岩力学指标较小,加之地下水作用,塑性区范围仍然较大,可见仅依靠超前支护并不能保证一次支护之前的围岩稳定。

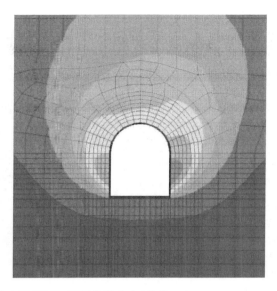

■	$2.4621 \times 10^{-2} \sim 1.0000 \times 10^{-1}$
■	$1.0000 \times 10^{-1} \sim 2.0000 \times 10^{-1}$
■	$2.0000 \times 10^{-1} \sim 3.0000 \times 10^{-1}$
■	$3.0000 \times 10^{-1} \sim 4.0000 \times 10^{-1}$
■	$4.0000 \times 10^{-1} \sim 5.0000 \times 10^{-1}$
■	$5.0000 \times 10^{-1} \sim 6.0000 \times 10^{-1}$
■	$6.0000 \times 10^{-1} \sim 6.7447 \times 10^{-1}$

图 5-51　超前支护后开挖洞周位移分布(单位:m)

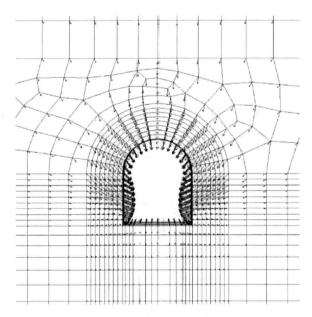

图 5-52　超前支护后洞周位移矢量

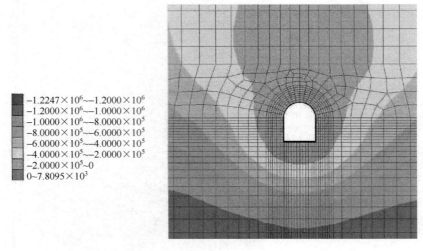

图 5-53　超前支护后围岩第一主应力分布(单位:Pa)

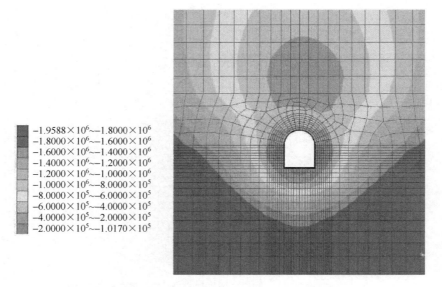

图 5-54　超前支护后围岩第三主应力分布(单位:Pa)

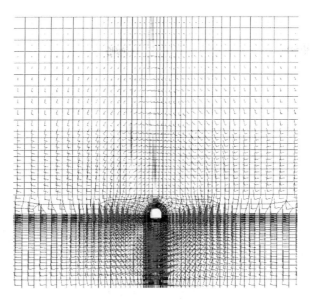

图 5-55　超前支护后围岩主应力矢量

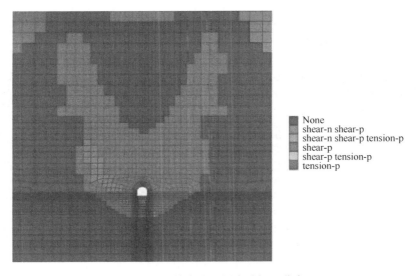

图 5-56　超前支护后围岩破坏区分布

5.6.3　不考虑地下水作用计算结果分析

1. 初始地应力

初始地应力分布见图 5-57～图 5-59。围岩初始地应力场分布较均匀，σ_z 大小

在 $0 \sim -1.77\text{MPa}$ 范围内变化，σ_x 大小在 $0 \sim -1.08\text{MPa}$ 内变化，σ_y 大小在 $0 \sim -1.08\text{MPa}$ 内变化，侧压力系数约为 0.61。地应力由自重产生，量值大小与高程密切相关。

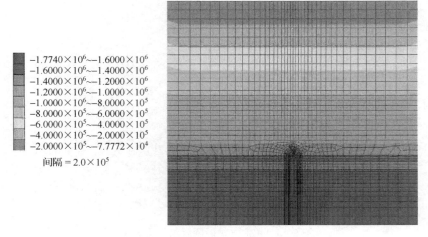

图 5-57　初始地应力 σ_z 分布（单位：Pa）

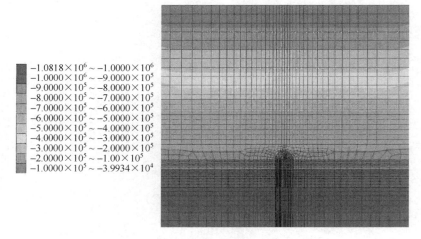

图 5-58　初始地应力 σ_x 分布（单位：Pa）

2. 毛洞开挖

隧洞开挖后，洞周形成临空面，洞周边基本是向洞内变位。洞周位移分布见图 5-60 和图 5-61。洞周位移最大值约为 226mm，位于边墙中上部；底板最大回弹约为 100mm；顶拱最大下沉约为 150mm。由于地质条件较差，洞周变形很大，量

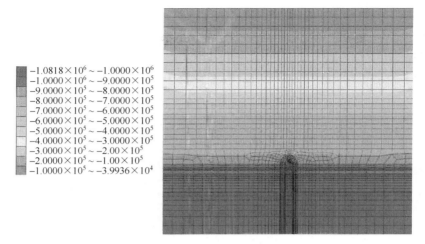

图 5-59　初始地应力 σ_y 分布(单位:Pa)

值明显超过正常范围,开挖后围岩失稳的可能性极大。

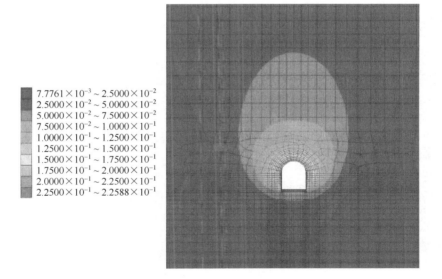

图 5-60　毛洞开挖洞周位移分布(单位:m)

　　洞周围岩主应力分布见图 5-62 和图 5-63。隧洞开挖完毕后,洞周围岩应力分布较均匀。在第一主应力局部出现拉应力,最大拉应力值为 2.3kPa。洞周围岩主应力矢量分布见图 5-64。从主应力矢量的角度来看,矢量呈现出第一主应力为径向,第三主应力为切向的规律,且洞周围岩表面切向应力较大,径向应力较小。

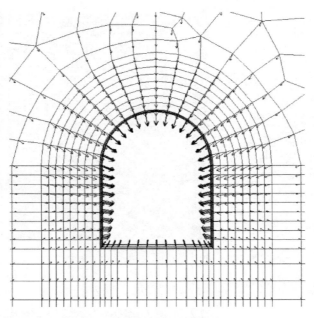

图 5-61　毛洞开挖洞周位移矢量

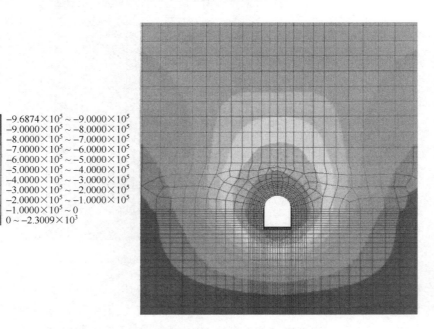

图 5-62　毛洞开挖围岩第一主应力分布(单位:Pa)

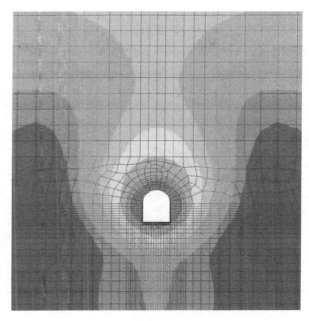

图 5-63　毛洞开挖围岩第三主应力分布（单位：Pa）

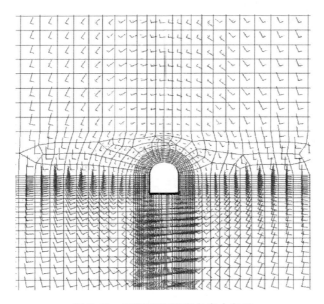

图 5-64　毛洞开挖围岩主应力矢量

　　洞周围岩破坏区见图 5-65。毛洞方案隧洞全断面开挖完毕后,洞周围岩全部进入塑性区和拉裂区,最大破坏区深度达约为 17m。在毛洞开挖情况下,围岩破坏区范围很大,发生塌方的可能性极大。

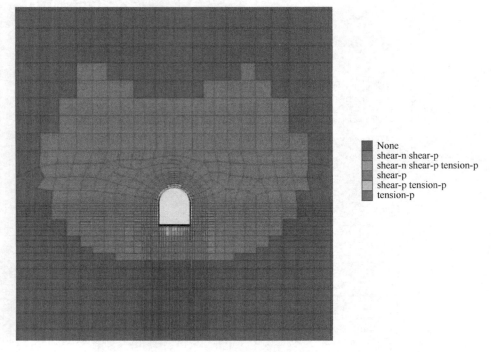

None
shear-n shear-p
shear-n shear-p tension-p
shear-p
shear-p tension-p
tension-p

图 5-65　毛洞开挖围岩破坏区分布

3. 开挖后即进行一次支护

　　隧洞开挖后,立即采用临时支撑措施,喷 C20 砼封闭。洞周位移分布见图 5-66 和图 5-67。洞周位移最大值约为 79mm,位于底板处;顶拱最大下沉约为 30mm。开挖后即进行一次支护,洞周位移显著减小,及时进行一次支护能有效提高围岩稳定性。然而,洞周位移量值仍较大,开挖后围岩失稳的可能性仍然很大。

　　洞周围岩主应力分布见图 5-68 和图 5-69。隧洞开挖完毕后,洞周围岩应力分布较均匀。在第一主应力局部出现拉应力,最大拉应力值为 0.46MPa。喷 C20 砼最大拉应力值小于砼的抗拉强度设计值 1.1MPa,说明开挖后及时进行一次支护封闭,当喷 C20 砼达到一定强度后,不会发生混凝土破坏。

　　洞周围岩破坏区见图 5-70。洞周围岩除正顶拱局部区域外,均进入塑性区和拉裂区,最大破坏区深度约为 4.8m。开挖后即进行一次支护,围岩破坏区范围显著减小。然而,破坏区深度仍较大,在开挖后、一次支护达到一定强度前,围岩发生塌方的可能性仍然存在,尤其是顶拱下部及边墙上部范围。保证围岩稳定的关键是在一次支护达到一定强度之前的这段时间。

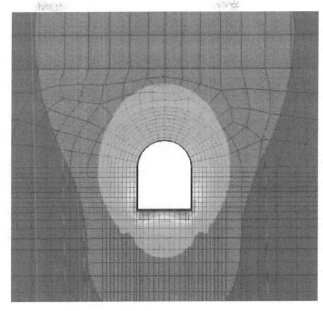

$3.0427 \times 10^{-3} \sim 1.0000 \times 10^{-2}$
$1.0000 \times 10^{-2} \sim 2.0000 \times 10^{-2}$
$2.0000 \times 10^{-2} \sim 3.0000 \times 10^{-2}$
$3.0000 \times 10^{-2} \sim 4.0000 \times 10^{-2}$
$4.0000 \times 10^{-2} \sim 5.0000 \times 10^{-2}$
$5.0000 \times 10^{-2} \sim 6.0000 \times 10^{-2}$
$6.0000 \times 10^{-2} \sim 7.0000 \times 10^{-2}$
$7.0000 \times 10^{-2} \sim 7.9269 \times 10^{-2}$

图 5-66　开挖后即进行一次支护洞周位移分布(单位:m)

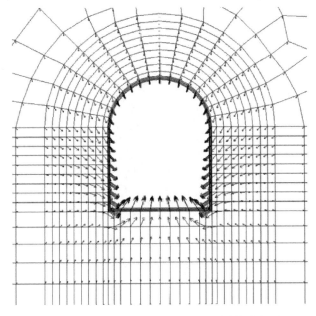

图 5-67　开挖后即进行一次支护洞周位移矢量

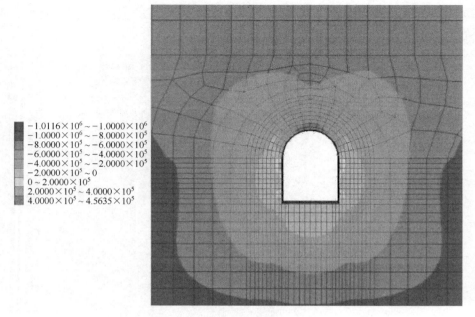

图 5-68　开挖后即进行一次支护第一主应力分布(单位:Pa)

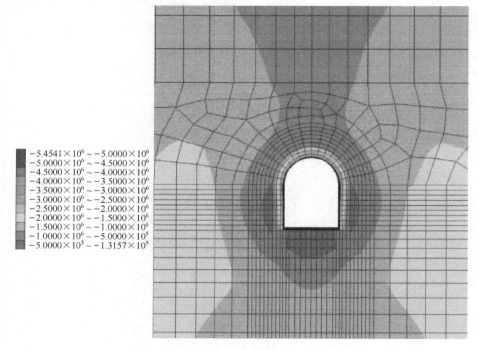

图 5-69　开挖后即进行一次支护第三主应力分布(单位:Pa)

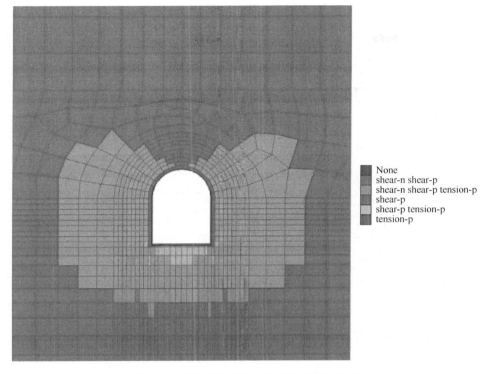

None
shear-n shear-p
shear-n shear-p tension-p
shear-p
shear-p tension-p
tension-p

图 5-70　开挖后即进行一次支护破坏区分布

4. 开挖后即进行两次支护

隧洞开挖后,立即采用临时支撑措施-喷 C20 砼封闭,随即进行 C25 混凝土衬砌。洞周位移分布见图 5-71 和图 5-72。洞周位移最大值约为 1.71mm,位于底板处。通过两次支护后,洞周位移较小,围岩稳定是有保证的。

洞周围岩主应力分布见图 5-73 和图 5-74。隧洞开挖完毕后,洞周围岩应力分布较均匀。在第一主应力局部出现拉应力,最大拉应力值为 0.28MPa。喷 C20 砼和 C25 衬砌砼最大拉应力值均小于砼的抗拉强度设计值 1.27MPa,说明当两次支护混凝土达到一定强度后,不会发生混凝土破坏。

从洞周围岩破坏区看,在开挖后即进行两次支护的情况下,洞周围岩没有破坏区,由此可见,当 C25 混凝土衬砌达到一定强度后,围岩稳定是有保障的。实际施工过程中,围岩的支护措施难免会有一定的滞后性,因此越早支护越利于围岩稳定。

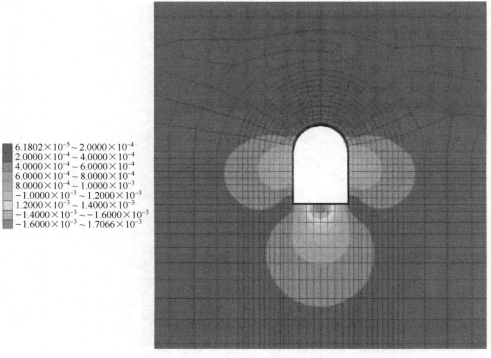

图 5-71　开挖后即进行两次支护洞周位移分布(单位:m)

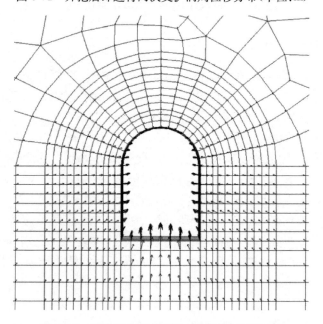

图 5-72　开挖后即进行两次支护洞周位移矢量

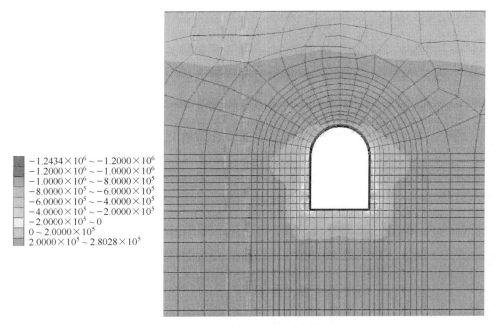

图 5-73　开挖后即进行两次支护第一主应力分布(单位:Pa)

图例:
−1.2434×10⁶ ~ −1.2000×10⁶
−1.2000×10⁶ ~ −1.0000×10⁶
−1.0000×10⁶ ~ −8.0000×10⁵
−8.0000×10⁵ ~ −6.0000×10⁵
−6.0000×10⁵ ~ −4.0000×10⁵
−4.0000×10⁵ ~ −2.0000×10⁵
−2.0000×10⁵ ~ 0
0 ~ 2.0000×10⁵
2.0000×10⁵ ~ 2.8028×10⁵

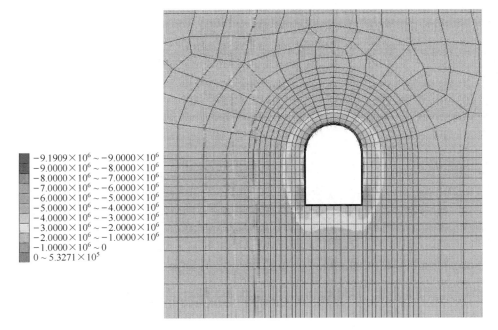

图例:
−9.1909×10⁶ ~ −9.0000×10⁶
−9.0000×10⁶ ~ −8.0000×10⁶
−8.0000×10⁶ ~ −7.0000×10⁶
−7.0000×10⁶ ~ −6.0000×10⁶
−6.0000×10⁶ ~ −5.0000×10⁶
−5.0000×10⁶ ~ −4.0000×10⁶
−4.0000×10⁶ ~ −3.0000×10⁶
−3.0000×10⁶ ~ −2.0000×10⁶
−2.0000×10⁶ ~ −1.0000×10⁶
−1.0000×10⁶ ~ 0
0 ~ 5.3271×10⁵

图 5-74　开挖后即进行两次支护第三主应力分布(单位:Pa)

5. 超前支护后开挖

从上述数值计算可知,当一次支护达到一定强度后,即可确保隧洞围岩稳定。然而,一次支护难免存在一定的滞后性。在实际施工过程中,为保证隧洞开挖后、支护达到一定强度之前的围岩稳定,采用超前支护(超前管棚＋固结灌浆)措施,加固范围为顶拱范围。

隧洞开挖后,洞周形成临空面,洞周边基本是向洞内变位。洞周位移分布见图 5-75和图 5-76。洞周位移最大值约为 165mm,位于边墙中上部;底板最大回弹约为 80mm;顶拱最大下沉约为 80mm。可以看出,采用超前支护措施后,洞周变形有所减小,但量值仍然较大。为保证隧洞围岩稳定,须及时跟进一次支护及二次支护。

洞周围岩主应力分布见图 5-77 和图 5-78。隧洞开挖完毕,洞周围岩应力分布较均匀。在第一主应力局部出现拉应力,最大拉应力值为 6.8kPa。洞周围岩主应力矢量分布见图 5-79。从主应力矢量的角度来看,矢量呈现出第一主应力为径向,第三主应力为切向的规律,且洞周围岩表面切向应力较大,径向应力较小。

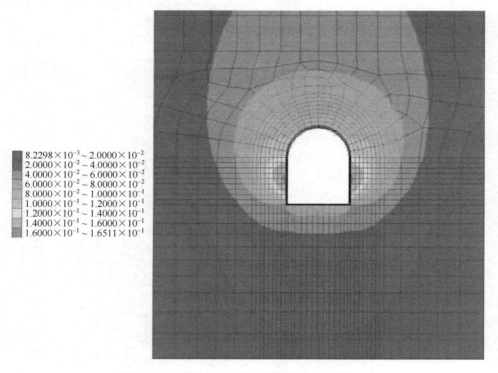

$8.2298 \times 10^{-3} \sim 2.0000 \times 10^{-2}$
$2.0000 \times 10^{-2} \sim 4.0000 \times 10^{-2}$
$4.0000 \times 10^{-2} \sim 6.0000 \times 10^{-2}$
$6.0000 \times 10^{-2} \sim 8.0000 \times 10^{-2}$
$8.0000 \times 10^{-2} \sim 1.0000 \times 10^{-1}$
$1.0000 \times 10^{-1} \sim 1.2000 \times 10^{-1}$
$1.2000 \times 10^{-1} \sim 1.4000 \times 10^{-1}$
$1.4000 \times 10^{-1} \sim 1.6000 \times 10^{-1}$
$1.6000 \times 10^{-1} \sim 1.6511 \times 10^{-1}$

图 5-75　超前支护后开挖洞周位移分布(单位:m)

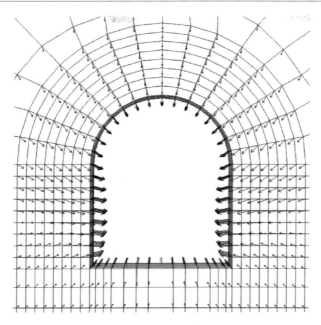

图 5-76　超前支护后洞周位移矢量

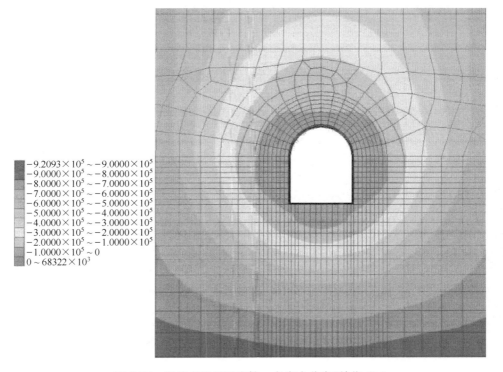

图 5-77　超前支护后围岩第一主应力分布(单位:Pa)

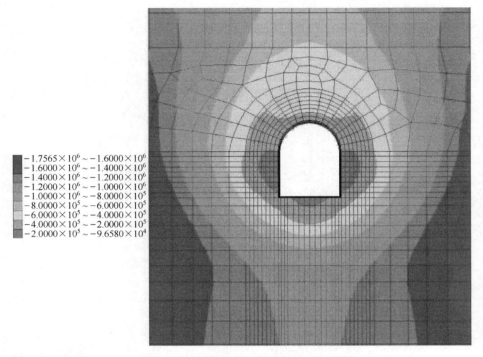

$$-1.7565\times10^6 \sim -1.6000\times10^6$$
$$-1.6000\times10^6 \sim -1.4000\times10^6$$
$$-1.4000\times10^6 \sim -1.2000\times10^6$$
$$-1.2000\times10^6 \sim -1.0000\times10^6$$
$$-1.0000\times10^6 \sim -8.0000\times10^5$$
$$-8.0000\times10^5 \sim -6.0000\times10^5$$
$$-6.0000\times10^5 \sim -4.0000\times10^5$$
$$-4.0000\times10^5 \sim -2.0000\times10^5$$
$$-2.0000\times10^5 \sim -9.6580\times10^4$$

图 5-78　超前支护后围岩第三主应力分布(单位:Pa)

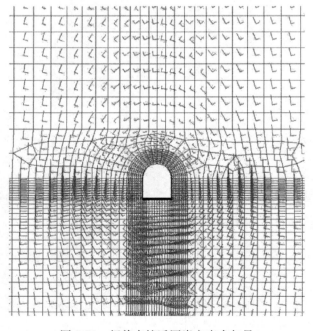

图 5-79　超前支护后围岩主应力矢量

洞周围岩破坏区见图 5-80,洞周围岩全部进入塑性区和拉裂区。最大破坏区深度约为 10m,比毛洞开挖不进行超前支护小 7m。可以看出,超前支护能显著改善围岩稳定性。但由于围岩力学指标较小,塑性区范围仍然较大,仅依靠超前支护并不能保证围岩稳定。超前支护仅能作为辅助措施,待开挖完成后,须及时进行一次支护,才能确保围岩稳定。

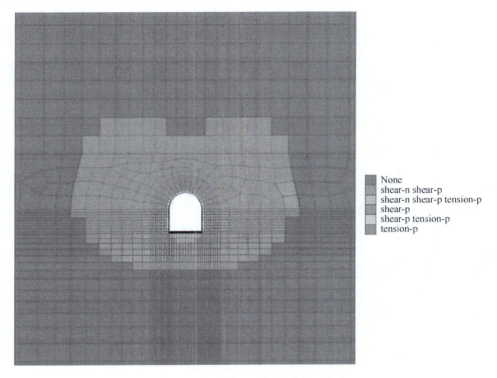

图 5-80　超前支护后围岩破坏区分布

5.6.4　计算结果对比研究

考虑地下水作用和不考虑地下水作用的计算结果对比见表 5-11。由表可知,不考虑地下水作用的各工况计算结果均明显小于考虑地下水作用对应的计算结果,可见地下水作用对围岩稳定有明显的不利影响。考虑地下水作用,毛洞开挖工况计算不收敛,可见由于围岩力学参数低,加之地下水作用,围岩不能自稳;不考虑地下水作用,毛洞开挖工况计算收敛,但洞周位移和破坏区深度很大,量值超出合理范围,围岩也难以稳定。

考虑和不考虑地下水两种情况下的各工况计算结果规律相似,差别主要在考虑地下水情况下的量值明显大于不考虑地下水情况,下面以不考虑地下水情况进

表 5-11 是否考虑地下水作用的计算结果对比

计算工况	计算结果	考虑地下水作用	不考虑地下水作用
毛洞开挖	洞周最大位移/mm	不收敛	226
	最大破坏区深度/m	60	17
	最大主拉应力/MPa	0.016	0.0023
开挖后 即进行一次支护	洞周最大位移/mm	143	79
	最大破坏区深度/m	6.1	4.8
	最大主拉应力/MPa	0.71	0.46
开挖后 即进行两次支护	洞周最大位移/mm	9	1.71
	最大破坏区深度/m	0	0
	最大主拉应力/MPa	0.45	0.28
超前支护后开挖	洞周最大位移/mm	674	165
	最大破坏区深度/m	60	10
	最大主拉应力/MPa	0.0078	0.0068

行分析。采用超前支护措施("超前管棚+固结灌浆")后,最大洞周位移由 226mm 降至 165mm,最大破坏区深度由 17m 降至 10m,可见超前支护措施能显著改善开挖后围岩的稳定性。开挖后即采用一次支护("钢支撑+喷 C20 砼"),最大洞周位移减小至 79mm,最大破坏区深度减小至 4.8m,可见当喷 C20 砼达到一定的强度,形成封闭承载结构后,围岩是稳定的。开挖后即进行两次支护("喷 C20 砼+C25 砼衬砌"),最大洞周位移进一步减小至 1.71mm,围岩没有破坏区,围岩是稳定的。

第6章 沉筒加固装置及施工加固方法

为加快施工进度,引黄入洛工程沿隧洞轴线方向布置了若干竖井和斜井,其中
5#竖井、6#竖井和9#竖井在施工中遇到的隧洞围岩为新近系地层,其埋深为80~
150m,厚度达20~46m,地下水位高于隧洞顶部12m以上,由于隧洞施工断面较
小,施工条件受到很大限制,施工难度极大。9#竖井总长度为150m,地面高程为
373.98m,地面至高程290.77m段共83m,已经施工加固完成,在高程290.77~
244.17m段围岩为本工程的新近系地层 厚度约为46.2m,施工中频繁发生涌水、
溃砂和塌方现象,发生的最高涌砂、涌水高度为12米,由于竖井上部已经衬砌施工
完毕,出现的新近系围岩段处于竖井的中间段,地下水位高,无法成洞,自2010年
7月至2011年7月施工停止。

6.1 采用沉筒加固法的必要性

目前,对Ⅳ类或Ⅴ类围岩等软弱地质层结构进行施工加固的先进技术主要有
盾构法、冰冻法、沉井法、固结灌浆法等。盾构法的施工造价很高,采用盾构法的成
本远大于工程预算成本,而且在技术上对竖井中间段进行施工加固难以实现;沉井
法从技术上而言难度很大,竖井上部83m已经施工衬砌完成,成型洞径为2.5m,
施工过程中很难保证竖井的垂直度,很难将一定长度的沉井经过已成型的洞径入
位到待施工段,因此从工程实际施工条件、技术要求和经济因素等方面考虑,盾构
法和沉井法无法采用。

由于施工地质情况非常复杂、施工条件的诸多局限性,技术上可以采用的施工
技术仅有两个:冰冻法和固结灌浆法。冰冻法造价高,施工技术要求较高,对竖井
中间段松散砂层和软岩层的施工难以实现;固结灌浆法虽然在竖井中间段施工时
技术上可行,但在竖井中间段对Ⅳ类或Ⅴ类围岩等软弱地质层结构进行加固施工
时,施工效果差,无法采用。从技术、经济和施工效果等方面的分析表明,对竖井中
间段的不良地质地段进行施工时,现有先进技术都不适用或者无效。

因此,就现有技术而言,对竖井中间段富含水的砂层、软弱岩层进行施工加固
这一施工难题,成为阻碍隧洞施工乃至整个工程工期延滞的瓶颈问题。

在多年隧洞施工经验的基础上,根据复杂地质情况和施工环境条件,结合三维
有限元数值分析,研发竖井中间段不良地质地段的沉筒加固法,包括沉筒加固装置
及施工加固方法(马莎等,2016a,2016b),成功对5#、6#和9#竖井中间段不良地质

地段进行了施工和加固。

下面从技术、经济和施工效果等方面对沉筒加固法、冰冻法和固结灌浆进行分析比较。

1）施工技术方面的比较

沉筒加固法：不受施工作业面限制，整个沉筒的下沉及能否准确入位有很大的难度，能否有效对流砂层、黏土岩交叉或互层这种复杂地质条件进行加固处理，国内外没有相关报道，但如果工艺实施成功，可以一次性对复杂地质段进行加固处理，能为不良地质条件的竖井施工提供技术支撑和施工工艺的处理方法。

固结灌浆：在竖井83m下的2.5m的洞径内施工的难度很大（由于工作断面狭小，施工条件受限，因而只能通过浅层孔进行固结灌浆，如果钻孔过程中岩层出现高压地下水，高压水会冲击浅钻孔，导致频繁发生涌砂及涌水现象）因而无法有效进行施工固结，只能采用浅孔灌浆，技术上相对而言比较成熟，技术上可行。

冷冻法：该方法在技术上相对成熟，但与较大埋深竖井中间部位的施工相关的报道较少，而且在高压水作用下易发生涌砂、涌水事故，使冻结孔的施工难度相当大，无法保证冻结管和供液管可以有效安装，也无法保证冻结孔的有效施工，无法保证制冷冻结系统、冻结盐水系统和监测系统可以有效调控。

2）经济方面的比较

沉筒加固法的实际工程造价为3万元/米，固结灌浆的造价为5万元/米（塌方处理及施工缓慢未计），冷冻法的造价为20万元/米。

沉筒加固法的施工费用低于固结灌浆技术，在工程造价允许范围之内，都远低于冰冻法技术施工需要的费用。

3）施工效果方面的比较

采用沉筒加固法成功对5#、6#和9#竖井进行了施工，使得这三个竖井的施工中间部位出现Ⅳ类或Ⅴ类围岩等软弱地质层时得到施工加固，施工顺利，效果好，解决了国内外施工中罕见复杂地质条件的施工难题。

实施沉筒加固技术前，在2012年4月至10月近6个月的时间内进行了固结灌浆施工，施工中只能采用浅孔钻，垂直断面钻孔深10m左右，采用水泥浆注浆固壁。但由于地下水压比较高，浅孔钻打的过程中高压水冲击浅孔钻，涌砂及涌水频繁，无法对洞周进行有效固结。由于受高压水头作用、固结灌浆过程中高压浆液的扰动，弱胶结岩极易成为散体结构，成为未胶结砂突破固结灌浆施工断面的一处或多处漏点，进而发生更大强度的涌砂。施工表明，全断面固结灌浆法施工方案实施6个月，竖井砂层段的施工没有进展，1个月进尺不足3m，施工极其缓慢，浪费了大量的财力和物力，造成直接经济损失达100余万元（排水费、工人工资、施工材料费、设备损耗维修及更换等），拖延了整个工程的竣工工期，对施工现场周围的生态环境及地下水环境造成了一定的影响。实践证明，对于竖井中间段Ⅳ类或Ⅴ类围岩等软弱地质层结构的施工,固结灌浆法施工效果很差,不能采用。

因此,通过从施工技术、经济、施工效果等方面的对比分析,可以看出沉筒加固法具有施工技术先进、经济上能大幅度降低施工成本、施工效果好的优越性。沉筒加固法施工简单、安全高效、施工效果好,有效解决了现有技术无法有效对竖井中间段不良地质地段进行施工加固的难题,为复杂地质条件和施工环境下竖井施工提出了新的技术方法,具有广泛的推广应用价值。

6.2　总体方案、技术原理及参数

6.2.1　总体方案

在地质勘探的基础上,根据工程实际情况确定成孔方法、孔径、孔深;通过现场施工试验确定最大成孔直径、灌浆厚度和沉筒直径,沉筒加固法的基础参数见表 6-1。竖井加固段是需要沉筒加固法加固的施工段,其上部为衬砌完成段(已经施工衬砌完毕),其下部为开挖支护下卧施工段(沉筒加固完成后的后续竖井施工段)。场外将沉筒加工为成品,现场直接焊接,利用吊装设备、沉筒自重、沉筒内注水加重和竖井内的浮力使沉筒缓慢准确就位,依据所设计的沉筒底部结构,安全、顺利地切割底板,保证竖井加固段下面的开挖支护下卧施工段能够顺利施工。该方案包括成孔、沉筒设计、沉筒加工、吊装焊接下沉、灌浆、排水和拆除等工序,具体的施工操作方法如下。

表 6-1　沉筒加固施工的基础参数如下表

衬砌完成段/m	施工加固段/m	开挖支护下卧施工段/m	灌浆厚度/cm	设计直径/m	衬砌完成段/m	施工加固段钻孔直径/m	沉筒直径/m
83	46.6	21	15	2.5	2.5	2.2	1.9/1.94

(1)成孔方案:竖井加固段采用大孔径冲击钻一次冲孔成井。

(2)沉筒设计:沉筒加固装置见图 6-1,整个沉筒由筒身、顶板和底板三部分组成,经过三维有限元数值计算沉筒受力和位移,确定沉筒的材料和直径;将整个筒身内设计为空腔,空腔内有灌浆装置、排水管、加强支撑结构和加强板等装置;顶板和底板外侧各设有导向翼板,底板增设预留孔及其盖板、高压球阀,筒身设有吊耳,洞口处设有井字形夹具等,沉筒设计的技术参数详见表 6-2。

(3)沉筒加工:利用成品钢板、槽钢、工字钢、钢管等材料场外加工,并将筒身空腔内的所有管道装置(如注水管、灌浆管等)全部在筒身加工时密封焊接,将底板与首节环向钢筒密封焊接,通过满焊、外焊等焊接方式直接加工成若干环向钢筒成品。

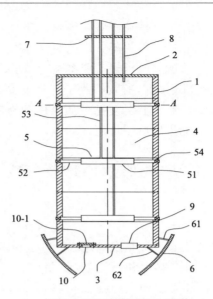

(a) "沉筒加固"装置整体结构示意图

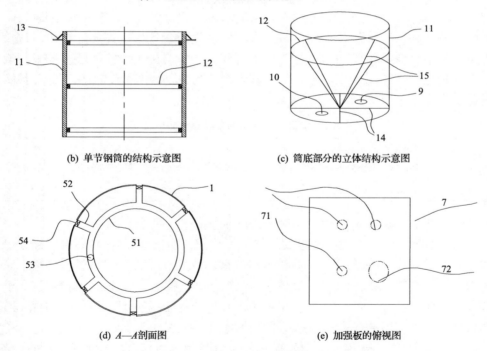

(b) 单节钢筒的结构示意图　　　　　(c) 筒底部分的立体结构示意图

(d) A—A剖面图　　　　　　　　(e) 加强板的俯视图

图 6-1　"沉筒加固"装置结构示意图

1. 筒身;2. 顶板;3. 底板;4. 装置内腔;5. 灌浆装置(51. 环形灌浆管;52. 径向灌浆管;53. 垂直灌浆管;
54. 逆止阀);6. 导向翼板(61. 加固板 1;62. 加固板 2);7. 加强板(71. 灌浆管孔;72. 注水管孔);8. 注水管;
9. 高压阀门;10. 预留孔;10-1. 密封盖板;11. 单节钢筒;12. 环形箍圈;13. 吊耳;14. 十字加强筋;15. 斜支撑

表 6-2　沉筒设计(内径 1.9m,外径 1.94m)技术参数

顶板			环形钢筒								底板					附件	
导向板	十字撑	斜撑	加工单节数	吊装节数	锁扣	环向灌浆管	纵向灌浆管	环向箍圈	注水管	预留孔	预留孔盖板	泄压球阀	导向板	十字撑	斜撑	井字形挂具	加强板
3个	1个	3个	21	7	两个/节	3排	3根	间距1.1m	1个	1	1	1	3个	1个	3个	井字型	间距3m
120°均分			2.2m/节	6.6m		φ32mm钢管	φ32mm钢管	厚140mm槽钢	50mm钢管	30cm	1cm厚钢板,φ40cm	1.5寸	120°均分			1.96m×1.96m	20mm钢板
斜撑布置在箱底十字撑中心至箱底与箱体接触处的14#槽钢满焊			每3单节焊接为一吊装箱体			6个灌浆口/排	单节中间及两单节焊接处			6个直径为18cm螺旋将盖板加止水封堵预留孔			斜撑布置在箱底十字撑中心至箱底与箱体接触处的14#槽钢满焊				83m向上3m焊接第一块

（4）吊装焊接下沉：整个过程只考虑环向钢筒间的焊接、灌浆管与注水管的焊接。安装时，通过较大的吊装设备、吊耳、井字形夹具、焊机、监测仪器等设备的共同作用，将沉筒起吊、入位、焊接并保证整个沉筒下沉的垂直度，保证箱体中心线与井孔中心线一致。利用水泵向空腔内注水，根据注水时间和注水量控制下沉速度，通过加强板加固灌浆管和注水管并使其延伸至洞口外。

（5）灌浆：灌浆机经沉筒空腔内的各灌浆装置，直接在沉筒内部进行灌浆。

（6）排水：在整个沉筒下沉入位的过程中，通过水泵经排水管向沉筒内注水或者竖井内抽水。

（7）拆除：灌浆结束达到一定强度后，仅保留筒身，顶板和空腔内的装置、管道及底板全部切割拆除。

6.2.2 技术原理和技术参数

在外力牵引下，利用沉筒自重和其内部所注水的重力稍大于沉筒受到的浮力，将沉筒成品按顺序依次吊装入位，并进行沉筒间焊接、注水加重和监测下沉等工作，使整个沉筒缓慢下沉，准确进入到设计位置，并在筒身外壁与孔壁间留有一定的距离，为沉筒周围的高压水预留上升空间，有效减小沉筒周围的高压水对下沉沉筒的直接作用力，同时这一距离也是沉筒及孔壁间的灌浆厚度。通过灌浆使沉筒与孔壁之间的间隙密实充填，可以有效增加沉筒与围岩间的摩擦力，承担沉筒的重力，为竖井施工提供安全保障。

6.2.3 "竖井施工用沉筒加固装置"的结构

竖井施工用沉筒加固装置是由筒身顶端的顶板、竖向延伸的筒身、筒身底端的底板围成的圆柱筒，圆柱筒内设有密封的内腔，内腔中竖向间隔设置有若干灌浆装置，灌浆装置包括设于内腔中部的环形灌浆管，环形灌浆管的外周缘连接有若干呈辐射状均匀布设的径向灌浆管，各径向灌浆管的末端与圆柱筒筒壁上对应开设的灌浆口密封固定连接，在环形灌浆管上部连接有竖直向上延伸的垂直灌浆管，各灌浆装置中的垂直灌浆管密封穿过顶板对应开设的通孔，在顶板上还设有用于竖直向上延伸连通地面的灌浆装置和圆柱筒内腔的注水管，具体结构如图 6-1 所示。

（1）沉筒加固装置是由筒身、顶板和底板围成的圆柱形钢筒，并由此构成密闭的内腔，顶板和底板均通过焊接实现与筒身的密封连接。

（2）钢筒的筒身由若干单节钢筒［图 6-1(b)］连接构成，两节单节钢筒之间采用内外满焊工艺焊接固定，在各单节钢环上部的外表面分别对称地固定吊运吊耳，方便吊装。

（3）灌浆装置灌浆装置如图 6-1(a)和图 6-1(d)所示，在钢筒内腔中竖向，设有三套灌浆装置，每套灌浆装置分别通过径向灌浆管固定在相应的环形圆钢筒中，每套灌浆装置的垂直灌浆管并列布置并分别与顶板上对应开设的通孔密封焊接。

（4）注水管穿过钢筒顶板，焊接密封注水管，竖直向上延伸并连接地面的注水装置，在注水管伸出井口的上端设有三通，可以在注水的同时排出注水管内的空气。

（5）底板在钢筒的底板上设有高压阀门和预留孔，在施工切割时用高压阀门释放钢筒底部的竖井内高压气体，预留孔由密封盖板通过螺栓密封。高压阀门可以在切割沉筒时释放沉筒底部竖井内留存的高压气体和高压水，避免发生事故，保证施工安全，预留孔可以确保在筒内有水时能顺利切开底板。

（6）为提高钢筒的强度，在钢筒内设置有加强支撑结构。该加强支撑结构包括环形箍圈、十字加强筋和斜支撑，环形箍圈如图 6-1(b)所示，上、中、下分设于对应的环形圆筒内并焊接固定；在钢筒的顶板和底板上的内腔内表面上分别固定有十字形的十字加强筋，并在底板的十字加强筋的中心与相邻环形圆筒内的环形箍圈之间连接有 4 根沿圆周均布的斜支撑，如图 6-1(c)所示。该斜支撑可以在沉筒加固过程中有效避免钢筒底部高压气体及高压水的压力破坏底板的密封焊接结构。

（7）加强板如图 6-1(a)和图 6-1(e)所示，为避免延伸至地面的各垂直灌浆管和注水管在施工时因长度较长发生摆动而影响顶板的密封焊接结构，在钢筒顶板上方向上延伸的垂直灌浆管和注水管上按一定间隔设有若干个加强板，其上分别设有供垂直灌浆管穿过的灌浆管孔和供注水管穿过的注水管孔，各垂直灌浆管和注水管均与加强板焊接固定。通过竖向间隔设置的加强板将垂直灌浆管和注水管连接成整体，单根管摇摆受力变为 4 根管组成的整体受力钢柱，有效减缓了各管的摆动幅度，提高了顶板的密封效果及各垂直灌浆管和注水管焊接部位的强度和安全可靠性。

（8）导向结构如图 6-1(a)所示，在沉筒的顶、底部分别设有导向结构，确保钢筒准确进入竖井施工加固段的井孔中，该导向结构是在沉筒的顶部和底部分别固定 3 块沿钢筒圆周均布的导向翼板，沉筒顶部安装的各导向翼板通过连接板固定在顶板和末节单节钢筒上，沉筒底部设置的各导向翼板通过连接板固定在底板和首节环形钢筒上。沉筒顶部的各导向翼板的顶边靠近沉筒的竖直中心线、其底边远离沉筒的竖直中心线，而位于沉筒底部的各导向翼板的底边靠近沉筒的竖直中心线、其顶边远离沉筒的竖直中心线，从而使得分设于钢筒顶部和底部的 3 块导向翼板分别围成锥形结构。施工中钢筒可以通过各导向翼板保持整个钢筒下沉过程中的下沉方向，防止钢筒出现较大的倾斜，使钢筒的竖向中心线与竖井加固段的井孔中心线保持一致。

6.2.4　施工加固方法

施工状态的示意图如图 6-2 所示。

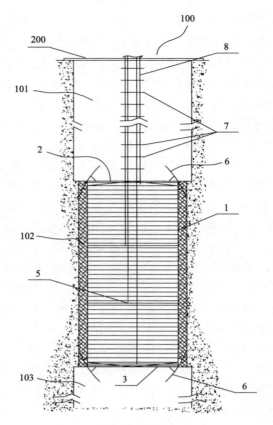

(a) 施工状态示意图

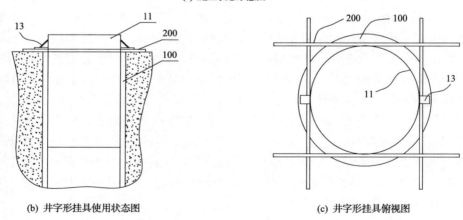

(b) 井字形挂具使用状态图　　　　　　　(c) 井字形挂具俯视图

图 6-2　施工状态示意图

1. 筒身；2. 顶板；3. 底板；4. 装置内腔；5. 灌浆装置；6. 导向翼板；7. 加强板；8. 注水管；
11. 首节环形钢筒(1#沉筒)；13. 吊耳；14. 十字加强筋；101. 衬砌完成段；102. 竖井加固段；
103. 开挖支护下卧施工段；100. 竖井；200. 井字形挂具

在具体施工中,竖井内出现的不稳定Ⅳ类围岩或极不稳定Ⅴ类围岩的地质结构的厚度往往在 20～50m 以上,如果采用整体焊接沉筒工艺,会导致沉筒体积较大,难以整体吊运沉入竖井中,因此沉筒加固施工所用的沉筒采用分节制作、逐节下沉、逐节连接的方式,具体流程如下。

(1)成孔。冲击式钻机一次性钻取成孔,并采用泥浆护壁,防止孔壁坍塌,该施工加固段的孔径小于衬砌完成段处的孔径。

(2)沉筒装置设计。在对竖井内的施工加固段进行加固时,首先根据竖井内的衬砌完成段的深度与孔径、施工加固段的孔径与深度及竖井内施工加固段需要灌浆加固的灌浆厚度等参数设计并制作一个用于沉入竖井施工加固段中的沉筒。

(3)沉筒入位。现场沉筒入位实施示意图如图 6-3 所示,先将 1 节环形钢筒内注水沉入竖井,并保留其上端口高出竖井的井口,然后吊装下一节环形沉筒进行焊

(a) 1# 环形钢筒入位

(b) 环形钢筒入位

(c) 两节环形钢筒间对接和焊接

(d) 对准检查,保证垂直居中,下沉

图 6-3　现场沉筒吊装现场施工图

接连接,逐节下沉、连接,每次下沉需保证焊接固定的该节环形钢筒的上端口高出竖井的井口,当沉筒顶部的末节环形钢筒焊接固定后焊接顶板,沉筒焊接完毕后整体沉入竖井中。

下沉过程中,通过注水管向沉筒内腔注水,使沉筒通过自身重力以及注水重量克服竖井内水的浮力缓慢沉入竖井中,直至沉筒下沉到需要加固的施工加固段处。沉筒在下沉过程中,在井口同时用抽水机抽出竖井内的水,避免竖井内的水外溢。同时,时刻测量沉筒下沉过程中的垂直度并在发现沉筒倾斜时及时进行校正,避免沉筒因倾斜而影响灌浆厚度的均匀性。

(4)沉筒对接与下沉。各环形钢筒的上部外表面对称焊接固定有吊耳,并在井口水平铺放井字形挂具,各环形钢筒通过井字形挂具的中间方口沉入竖井,各环形钢筒在下沉时通过其上固定的吊耳与所述井字形挂具配合保证其上端口高出竖井的井口。

当上一节的环形钢筒下沉至吊耳处,通过吊耳将其悬挂在该井字形挂具上,再焊接下一节环形钢筒,焊接完成后割除悬挂在井字形挂具上的吊耳,使沉筒继续下沉。当末节环形钢筒焊接完成并通过其上固定的吊耳悬挂在井字形挂具上后,将顶板放置在末节环形钢筒的上端口,各垂直灌浆管穿过顶板上对应开设的通孔,焊接密封,顶板与末节环形钢筒焊接固定后,将注水管插入顶板上对应开设的通孔并将注水管和各垂直灌浆管分别与顶板焊接固定,最后焊接固定在沉筒顶部的各导向翼板,拆除井字形挂具,使沉筒整体顺利沉入竖井中。

顶板与末节环形钢筒焊接密封后,因顶板是密封的,注水管兼排气功能,通过注水管在竖井口外利用三通分别连接注水设备和排气管,能在注水过程中将沉筒内的气体有效地排出洞口,实现注水的同时排出沉筒内的空气,使沉筒能顺利下沉,有效避免末节环形钢筒焊接密封后因为沉筒内有气体无法排出,造成无法对沉筒内注水而导致整个沉筒无法下沉到设计位置,以致沉筒加固施工失败的严重后果。整个沉筒安装到竖井加固段后,竖井内水位与洞口平齐。

(5)垂直灌浆管和注水管顶板上开设有供各垂直灌浆管和注水管穿过的通孔,当顶板与末节环形钢筒焊接完毕后将各垂直灌浆管和注水管密封焊接固定在对应的通孔中,并在沉筒沉入竖井后逐节焊接延长各垂直灌浆管和注水管,直至沉筒到位,每次焊接应保证各垂直灌浆管和注水管的入口高于井口。在注水管伸出井口的部分还串接有一个三通,三通的一个口为排气口,可以在注水的同时排出管内的空气,在每一次焊接连接两节环形钢筒前应先焊接延长垂直灌浆管和注水管。

(6)灌浆及切割。沉筒下沉到位后,在地面用灌浆机分别连接各垂直灌浆管,按照从下到上的顺序依次($1^\#\rightarrow3^\#\rightarrow5^\#$)通过对应位置处的灌浆装置向沉筒与竖井之间的间隙中注入浆液(灌浆厚15cm),当灌浆强度达到要求后,利用抽水机抽出竖井以及沉筒内腔中的水。抽水完成后,工人下入竖井中,从上至下依次切除垂直灌浆管、注水管、顶板、径向灌浆管、底板,仅保留沉筒的筒身,筒身通过灌浆与施工加固段的井壁连为一体,共同承担围岩压力和水压力的作用,增强加固效果。

(7) 在沉筒的底板上设置泄压阀,当切割到底板时先打开所述泄压阀泄出沉筒底部竖井内的高压气体和高压水,避免发生事故,保证施工安全,然后通过预留孔清理沉筒底部泥浆、积水,使沉筒底部形成空隙。

(8) 通过预留口切割底板,在沉筒下部分部开挖支护下卧施工段,分两次或三次分段进行开挖支护下卧施工段的施工(图 6-2(a)中 103 所示)。

(9) 设置吊耳及井字形挂具。在沉筒逐节下沉、逐节连接时于竖井的井口部水平铺设有一个井字形挂具,该井字形挂具由四根工字钢两两垂直交叉焊接固定制成,其中间方口的宽度略大于各环形钢筒的外径并与各环形钢筒上的吊耳挡止配合,各环形钢筒分别穿过井字形挂具的中间方口沉入竖井中,从而使每一节的环形钢筒在沉入竖井后通过其上固定的吊耳悬挂在井字形挂具上,保证其上端口高于井口,便于工人在井口进行焊接操作,每当下一节的环形钢筒焊接连接完成后,割除悬挂在井字形挂具上的环形钢筒上的吊耳,使沉筒继续下沉。

6.3　沉筒加固法的优越性

竖井中间段软弱地质层施工所提出的沉筒加固装置,采用外径小于竖井内径的圆柱筒,通过向圆柱筒内注水使该圆柱筒在其自身重力与筒内注水重力配合下克服竖井内水的浮力,逐渐沉入竖井中,沉筒下沉过程中可以通过控制注水量和注水速度控制圆柱筒的下沉速度,当圆柱筒到达竖井内位于富含水的砂层或软弱岩层的施工加固段后,通过圆柱筒内竖向间隔设置的灌浆装置将灌浆用的浆液从井口注入圆柱筒与竖井之间的间隙中,当灌浆强度达到要求后,抽出竖井和圆柱筒内的水并切除圆柱筒的顶板、底板及灌浆装置,便可对圆柱筒下部的下卧施工段进行开挖支护。简单方便易于操作,该技术的先进性主要体现如下:

6.3.1　沉筒加固结构的先进性

沉筒加固法简单方便,该技术的先进性主要体现在如下几个方面。

(1) 将沉筒内部设计为空腔,可在场外加工为成品,并将所有管道装置在沉筒加工时都焊接加工完毕,在外力牵引下,使沉筒自重和其内部所注水的重力稍大于沉筒受到的浮力。

(2) 设置了顶板,通过顶板将整个沉筒密封,向沉筒内注水,并在注水管设置三通,兼具注水和排气功能,使筒顶密封后沉筒内部的气体能够及时排除,保证整个沉筒能顺利下沉至需要加固处理的竖井加固段。

(3) 灌浆管和排水管直接焊接在沉筒空腔内,并设置加强板,使 3 排纵向灌浆管的焊接面不在一个平面内,3根灌浆管和1根注水管在引出沉筒后,通过加强板固定后可以有效避免因管子过长发生较大晃动而导致的焊接处容易发生断裂。

利用加强板将3根纵向灌浆管和1根注水管固定后向上引出,使很长的单根钢管单独摇摆受力变为4根钢管形成的整体钢柱受力,可以有效减缓注水管和纵向灌浆管由于过长而产生较大摆动,避免因为多个单独长管晃动影响到筒顶的密封效果及管子与筒顶焊接部位的强度,能确保整个沉筒顺利下沉入位到设计部位。否则,由于筒顶强度不足或密封不密实,整个沉筒无法准确入位或筒顶变形过大,导致整个"浮体沉筒"方案失败。

(4)通过纵向灌浆管,从洞口由沉筒内向孔壁与沉筒壁的间隙灌浆,并按照从下到上的顺序先后完成灌浆,在整个灌浆过程中保持浆液承受静水压力作用灌入成孔壁与沉筒壁间隙,有效避免因水位的变化对灌入的浆液产生的较大扰动。设置逆止阀保证了浆液只能沿一个方向流动,从灌浆管流向灌浆空间,而不能逆向进入灌浆管而使灌浆管发生堵塞。

(5)有效控制沉筒下沉速度。通过下沉试验,确定所控制的注水量、注水时间和注水速度,沉筒下沉时,可以同时采用向沉筒内注水或者抽排竖井内的水来控制竖井内水位,进而控制下筒速度,或者可同时采用上述两种方法,实现沉筒能顺利平稳缓慢下沉,保证施工质量,提高施工效率。

(6)筒底设置高压阀门、预留孔及其盖板,保证了安装入位施工过程中沉筒底具有足够的强度及密封、止水效果,高压阀门的设置有效避免了后续施工切割筒底时高压空气、高压水和高压水泥浆从筒底下面冲入沉筒内,危及施工人员、施工设备和沉筒安全。预留孔有效避免沉筒内部充满水时,采用气割机无法切割筒底的情况发生。

(7)设置吊耳及井字形挂具,使沉筒的各环形钢筒在焊接连接时处于稳定状态,保证焊接质量,保证沉筒下沉垂直度的校正,使沉筒下沉过程中不发生大的倾斜。

(8)设置导向翼板,导向结构由沿筒身外侧每隔120°均分设置的3个导向翼板构成,其作用在于:①经过衬砌完成段后能准确进入竖井加固段的井孔内;②保持整个沉筒下沉过程中的竖直下沉方向,有效避免沉筒下沉过程中发生倾斜;③能使沉筒中心与井孔中心保持一致。

(9)改用打井机的起吊设备下放整个沉筒,用注水管连接三通,边注水边排气,整个过程通过控制注水速度和注水时间来控制注水量或抽水量,从而使沉筒能顺利缓慢下沉至竖井加固段。

(10)顶板与沉筒连接处采用内外满焊,十字钢撑与顶板和沉筒内壁接触处采用满焊焊接,斜钢撑与环向箍圈和十字钢撑的十字中心接触处皆焊接牢固,连接处具有抵抗外力撕裂破坏、加强筒顶抗变形和筒顶焊缝抗撕裂破坏的能力。

6.3.2　沉筒施工加固方法的特色及其先进性

1. 施工工期短

沉筒现场安装前的所有设计、加工可以在成孔施工期间进行,整个沉筒吊装入位到竖井加固段仅需 4～6 个工作日即可全部完成。

2. 沉筒可以组装式吊装

沉筒内置的所有装置全部预先安装焊接好,沉筒安装下沉施工过程中只考虑沉筒间的对接焊接、沉筒内的灌浆管和注水管的焊接、灌浆管和注水管出沉筒以后的管道焊接和固定钢板的安装,整个施工过程简单,可操作性强。

3. 在沉筒内部进行灌浆

通过沉筒内焊接的灌浆装置,可以在沉筒内部对沉筒壁与孔壁的间隙进行灌浆处理,减小竖井内高压水直接作用在沉筒上的作用力,保证孔壁与沉筒壁间隙的密实充填,有效增加沉筒与成孔井壁间的摩擦力,使沉筒与孔壁共同作用承担沉筒的重力和围岩压力及高水压力,为后续的竖井施工提供安全保障。

4. 注水管可以注水兼排气,保证密封沉筒顺利下沉

注水管为 $\Phi 50\text{mm}$ 钢管,从顶板焊接密封沉筒后开始焊接注水管,在整个沉筒安装过程中利用固定钢板将注水管接至洞口,并通过注水管向沉筒内直接注水、排气,注水管兼带排气功能,能在注水过程中有效将沉筒内的气体排出洞口,有效避免因沉筒密封后沉筒内气体无法排出而使沉筒内水压较高,无法对沉筒内注水,避免整个沉筒无法下沉到竖井加固段而造成本方案施工失败的严重后果。

沉筒加固装置结构简单、制作成本低廉,而且操作简单、方便,可以快速有效的对竖井内出现的Ⅳ类或Ⅴ类围岩的地质结构进行施工加固,施工工期短、效率高,降低了工程造价,而且由于圆柱筒的筒身参与了施工加固段井壁的加固,因而具有良好的加固效果,解决了现有技术在于挖竖井时难以对井内出现的富含水的砂层或软弱岩层等Ⅳ类或Ⅴ类围岩进行有效加固的问题。

引黄入洛工程中的 5#、6# 及 9# 竖井施工中间部位受高压水作用,在深埋隧洞新近系不良地质条件下使用沉筒加固装置和施工工艺,对上述竖井加固段进行了施工加固,能有效对Ⅳ类或Ⅴ类围岩等不良地质地段进行施工加固,大幅度缩减了施工工期、降低了施工成本,经济效益和社会效益显著。

6.4　沉筒结构三维有限元数值分析

6.4.1　沉筒加固装置的钢结构有限元计算原理

1. 有限元单元类型

本次有限元计算软件采用国际通用的 ANSYS 有限元软件,ANSYS 软件具有强大的前处理、求解和后处理功能,目前广泛应用于水利水电、土木工程等领域。本次有限元计算,主要采用以下 3 种类型的单元进行数值模拟计算。

1) SOLID45 单元

SOLID45 单元用于模拟三维固体结构,单元通过 8 个节点来定义,每个节点有 3 个沿着 xyz 方向平移的自由度。单元具有塑性、蠕变、膨胀、应力强化、大变形和大应变能力,单元形式详见图 6-4,图中①～⑤为面节点,I、J、K、L、M、N、O 和 P 为节点。

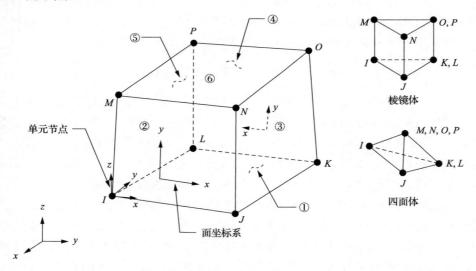

图 6-4　SOLID45 单元

2) SHELL63 单元

SHELL63 既具有弯曲能力又具有膜力,可以承受平面内荷载和法向荷载。本单元每个节点具有 6 个自由度:沿节点坐标系 x、y、z 方向的平动和沿节点坐标系 x、y、z 轴的转动。应力刚化和大变形能力已经考虑在其中,在大变形分析(有限转动)中可以采用不变的切向刚度矩阵,单元形式详见图 6-5,图中的①～⑥为单元表面输入。

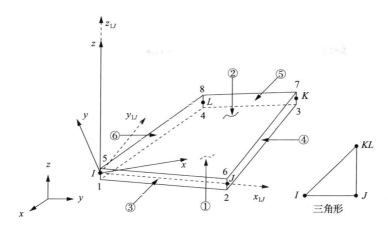

图 6-5　SHELL63 单元

3）BEAM188 单元

BEAM188 单元适合于分析从细长到中等粗短的梁结构，该单元基于铁木辛哥梁结构理论，是三维线性（2 节点）或者二次梁单元。每个节点有 6 个或 7 个自由度，并考虑了剪切变形的影响。这个单元非常适合线性、大角度转动以及大应变等非线性问题。本单元能分析弯曲、横向及扭转稳定问题（用弧长法分析特征值屈曲和塌陷），单元形式详见图 6-6。

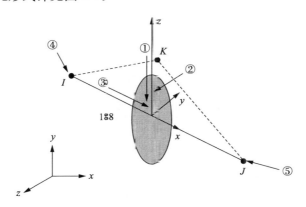

图 6-6　BEAM188 单元（①～⑤为单元表面输入）

2. 弹塑性有限元分析原理

根据虚功原理，单元平衡方程可表示为

$$[k]\{\delta\}^e = \{F\}^e \qquad (6-1)$$

式中，$\{F\}^e$ 为单元上的等效结点力；e 为局部坐标系下；$\{\delta\}^e$ 为单元结点位移列阵；$[k]$ 为单元刚度矩阵，可由下式计算得到：

$$[k] = \int_v [B]^{\mathrm{T}}[D_{\mathrm{ep}}][B]\mathrm{d}v \qquad (6\text{-}2)$$

式中，$[D]_{\mathrm{ep}}$ 为弹塑性矩阵，根据塑性势理论有

$$[D_{\mathrm{ep}}] = [D_{\mathrm{e}}] - [D_{\mathrm{p}}] = [D_{\mathrm{e}}] - \frac{[D_{\mathrm{e}}]\left\{\dfrac{\partial Q}{\partial \sigma}\right\}\left\{\dfrac{\partial F}{\partial \sigma}\right\}^{\mathrm{T}}[D_{\mathrm{e}}]}{A + \left\{\dfrac{\partial F}{\partial \sigma}\right\}^{\mathrm{T}}[D_{\mathrm{e}}]\left\{\dfrac{\partial Q}{\partial \sigma}\right\}} \qquad (6\text{-}3)$$

式中，$[D_{\mathrm{e}}]$ 为弹性矩阵；$[D_{\mathrm{p}}]$ 为塑性矩阵；A 为与硬化有关的参数；F 为塑性屈服函数；Q 为塑性势函数。当 $F = Q$ 时，称为关联流动法则。对于理想弹塑性材料，取 $A = 0$。

屈服函数采用 Drucker-Prager 准则。其表达式为

$$F = \alpha I_1 + \sqrt{J_2} - k = 0 \qquad (6\text{-}4)$$

式中，I_1 为应力张量第一不变量；J_2 为应力偏量第二不变量；$\alpha = \dfrac{2\sin\varphi}{\sqrt{3}(3 - \sin\varphi)}$；

$k = \dfrac{6C\cos\varphi}{\sqrt{3}(3 - \sin\varphi)}$，其中，$C$ 为岩土类摩擦型材料的黏聚力，φ 为内摩擦角。

将单元平衡方程集合在一起，得到总体平衡方程组为

$$[K]\{\delta\} = \{F\} \qquad (6\text{-}5)$$

式中，$[K]$ 为总体刚度矩阵；$\{\delta\}$ 为结点位移列阵；$\{F\}$ 为结点等效载荷列阵。

6.4.2　沉筒加固装置的钢结构有限元计算条件

1. 计算模型

本次有限元计算模型简述如下。

（1）第一段：高程为 373.77～290.77m（竖井洞口地面高程为 373.77m），长度为 83m，竖井净洞径为 2.5m，混凝土衬砌厚度为 0.25m，围岩为低液限黏土及黏土岩（注：根据有限元模拟的需要，围岩的范围取为洞泾的 3 倍，下同）。混凝土衬砌及围岩采用 SOLID45 号单元进行模拟，该段的有限元模型详见图 6-7。

（2）第二段：高程为 290.77～244.17m，长度为 46.6m，沉筒竖井净洞泾为 1.9m，沉筒每隔 2.2m 为一节，每节沉筒上间隔 1.1m 设置一道高 140mm 的环形槽钢进行加强，沉筒钢衬厚度为 20mm，沉筒外围的灌浆圈厚度为 0.15m，围岩为未胶结的砂层、钙质泥质砂岩层。沉筒采用 SHELL63 单元进行模拟，槽钢采用

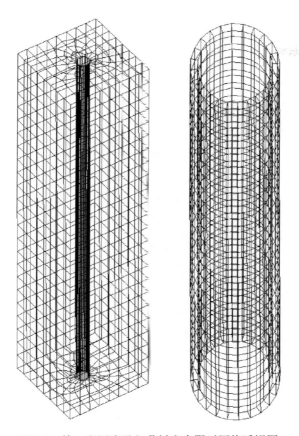

图 6-7   第一段围岩及竖井衬砌有限元网格透视图

BEAM188 单元进行模拟,灌浆圈及围岩采用 SOLID45 单元进行模拟,该段的有限元模型详见图 6-8。

(3) 第三段:高程为 244.17～227.64m(竖井洞底地面高程为 227.64m),长度为 16.53m,混凝土衬砌厚度为 0.25m,围岩为紫红色泥质粉砂岩夹中细粒砂岩。本次有限元模拟计算中,考虑第三段开挖后对第二段沉筒结构的影响,因此,第三段仅需要进行开挖的模拟,围岩采用 SOLID45 单元进行模拟,该段的有限元模型详见图 6-9。

有限元模型共剖分单元 42176 个,节点 60399,其中,SOLID45 单元有 24138个,SHELL63 单元有 3048 个,BEAM188 单元有 1512 个。有限元整体模型、沉筒及槽钢有限元模型(仅取一节沉筒)见图 6-10。

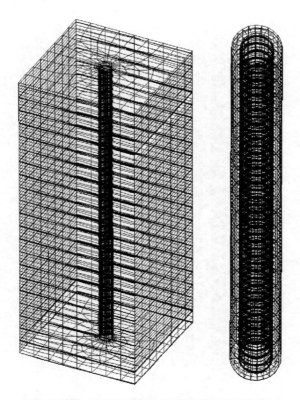

图 6-8　第二段围岩及竖井沉筒有限元网格透视图

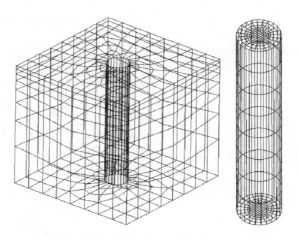

图 6-9　第三段围岩及竖井开挖体有限元网格透视图

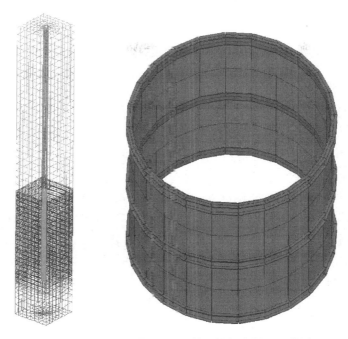

图 6-10　有限元整体模型-沉筒及槽钢有限元网格图

2. 计算参数

9#竖井从地面至隧洞底部围岩的类别分别为黏土岩、砂层钙质泥质砂岩层、泥质粉砂岩夹中细粒砂岩,衬砌采用 C20 混凝土,沉筒及槽钢的钢材型号为Q235。灌浆圈范围内的围岩参考类似工程经验,其弹模在原围岩的基础上提高25%。详细的材料参数见表 6-3。

表 6-3　9#竖井围岩、混凝二衬砌、沉筒及槽钢物理力学参数表

类型	弹/变模/MPa	泊松比	容重/(kN/m³)	抗剪断强度	
				c/MPa	摩擦系数
黏土岩夹砂岩	250	0.33	20.0	0.038	0.466/25°
砂岩夹黏土岩	300	0.40	22.0	0.037	0.404/22°
泥质粉砂岩夹中细粒砂岩	7000	0.26	24.0	1.10	0.754/37°
混凝土衬砌 C20	$2.8×10^4$	0.167	25.0	2.0	1.50
Q235 钢材	$2.1×10^5$	0.30	78.0	屈服强度为 235MPa	

3. 边界条件

围岩上表面取为自由面,下表面完全约束,四周侧面取为法向约束。

4. 计算工况

根据 9# 竖井的现状及施工方案,本次沉筒钢结构有限元计算的工况如下。

（1）施工工况

由 9# 竖井的工程概况及浮体沉筒法施工方案可知,9# 竖井的施工概况为:第一段 83m 竖井已经施工完毕→第二段竖井采用大钻孔 2.2m 冲击成孔→注水放置沉筒(直径 1.9m)→预留灌浆厚度 0.15m→灌浆→开挖第三段。

因此,施工时沉筒内、外水压力可视为接近平衡,沉筒所受的荷载主要为围岩荷载、灌浆荷载以及第三段开挖所带来的开挖荷载释放。其中,围岩荷载及开挖释放荷载(按 100% 释放考虑)由计算软件自行加载并计算,灌浆荷载按照灌浆压力为 1.5MPa 进行考虑。

本工况的计算荷载步分为:荷载步 1,计算围岩的自重应力场;荷载步 2,按施工期荷载计算沉筒结构;荷载步 3,计算第三段的开挖。

（2）运行工况

9# 竖井全向挖通,沉筒所受的荷载主要为围岩荷载、外水压力及灌浆残余压力。其中,围岩荷载由计算软件自行加载计算;外水压力由地下水水位 311.7m 至竖井底高程 227.64m 对沉筒结构由上至下生的作用,最小外水压力水头为 20.93m,最大外水压力水头为 67.53m;灌浆残余应力根据相关工程经验,按 1.5MPa 的 10% 计算,即 0.15MPa。

本工况的计算荷载步分为:荷载步 1,计算围岩的自重应力场;荷载步 2,按运行期荷载计算沉筒结构。

6.4.3　沉筒加固装置的结构有限元计算结果及分析

1. 施工工况下位移的计算结果及分析

有限元坐标系竖向位移计算结果中向上为正,向下为负。径向位移计算结果中背离圆心为正,指向圆心为负。

施工(即第三段竖井开挖后尚未进行衬砌支护)中沉筒结构的主要位移计算结果如下。

（1）竖向位移(见图 6-11):9# 竖井施工完毕后,受第三段竖井开挖的影响,沉筒结构的竖向位移由上至下逐渐增大,最大位移出现在沉筒结构的底部,为 −2.81mm。

（2）整体位移（见图 6-12）：沉筒结构的整体位移分布规律与竖向位移的分布

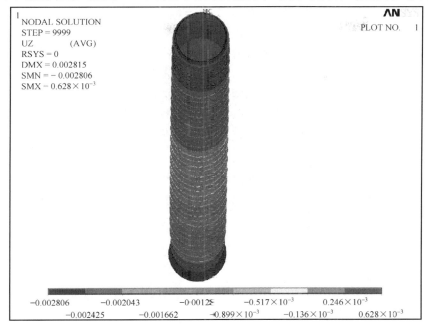

图 6-11　沉筒结构竖向位移云图（施工工况，单位：m）

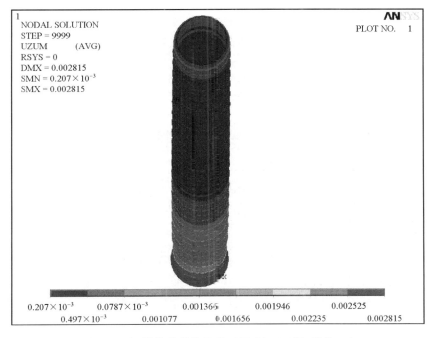

图 6-12　沉筒结构整体位移云图（施工工况，单位：m）

规律及数值基本相同,最大位移出现在沉筒结构的底部,为－2.82mm。因此,对于沉筒结构来说,竖向位移为控制方向,其余方向的位移均较小。

（3）位移矢量（见图6-13）:沉筒结构的位移矢量以向下、向内为主。

（4）变形示意（见图6-14）:选取两节沉筒结构,位移变形的示意表明,沉筒内部的环向槽钢对结构进行了有效加强,槽钢加固部位的沉筒变形相对较小。

（5）径向位移（见图6-15）:选取两节沉筒结构,径向位移表明,沉筒在外部荷载的作用下向箱体内部变形,最大径向位移为0.33mm;沉筒内部的环向槽钢对结构进行了有效加强,槽钢加固部位的沉筒变形相对较小,其最大径向位移为0.20mm。

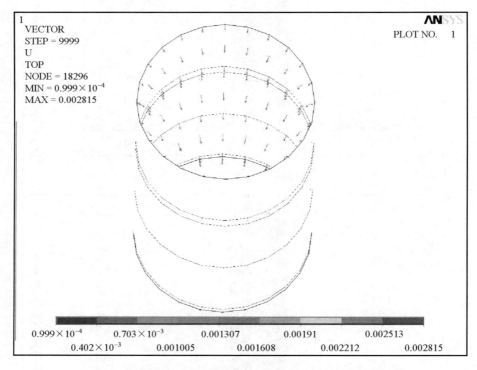

图6-13　沉筒钢结构位移矢量图（施工工况,虚线表示原结构）

2. 施工工况下应力计算成果及分析

应力的单位规定拉应力为正,压应力为负。主应力云图选取整体（全部沉筒）及典型段（两节沉筒）进行分析。

施工（即第三段竖井开挖后尚未进行衬砌支护）中沉筒结构的主要应力计算结果如下。

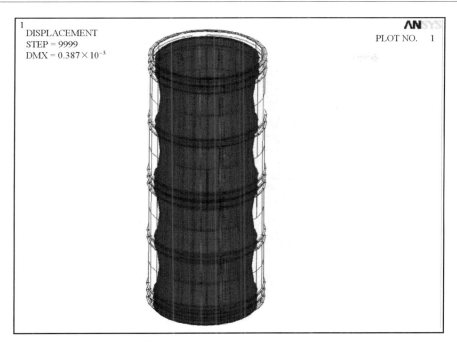

图 6-14　沉筒钢结构位移示意图(施工工况,细线表示原结构)

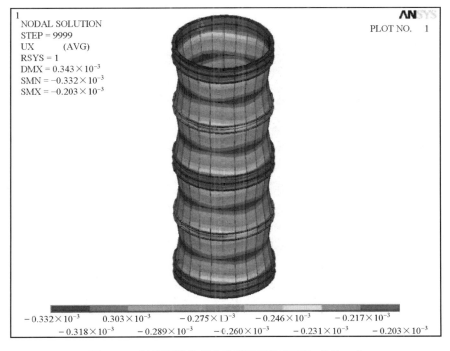

图 6-15　沉筒钢结构径向立移图(施工工况,单位:m)

（1）第 1 主应力（见图 6-16）：第 1 主应力主要考查结构的受拉情况。由整体

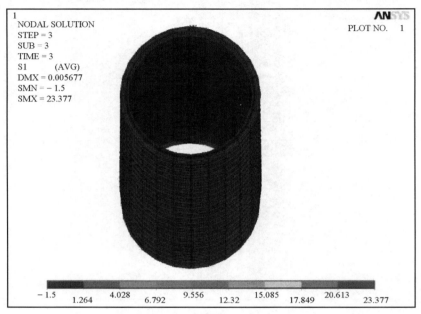

(a) 整体图

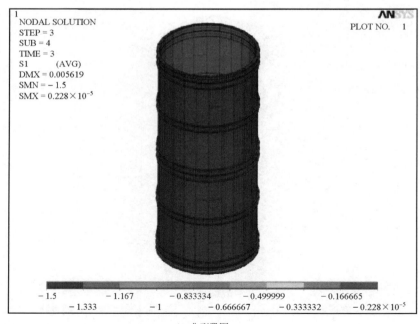

(b) 典型段图

图 6-16　沉筒钢结构第 1 主应力云图（施工工况，单位：MPa）

图及典型图都可以看到,沉筒结构的第 1 主应力实际上并未表现出明显的拉应力,说明结构整体基本都是受压的,只是在两端受其他部位的开挖影响,存在局部的拉应力。其中,由整体图可见,沉筒结构的第 1 主应力整体表现以受压为主,最大压应力为－1.5MPa,仅在与其他段竖井隧洞衔接(顶部及底部)时,洞口出现一定量值的拉应力,最大拉应力为 23.38MPa,出现在沉筒顶部;由典型段图可见,沉筒结构在槽钢加强的部位,压应力均有显著减小,槽钢部位的最大压应力为－0.17MPa。

(2) 第 3 主应力(见图 6-17):第 3 三应力主要考查结构的受压情况。由整体图可见,沉筒结构的第 3 主应力整体表现以受压为主,箱体内侧、外侧均受压,内侧压力大于外侧压力,最大压应力为－103.31MPa,出现在箱体底部;由典型段图可见,沉筒结构在槽钢加强的部位,压应力均有显著减小,其最大压应力为－56.62MPa。

(3) Von Mises 应力(见图 6-18):由整体图可见,沉筒结构箱体内侧压力大于外侧压力,最大 Von Mises 应力出现在箱体底部,为 102.68MPa;由典型段图可见,沉筒结构在槽钢加强的部位,Von Mises 应力均有显著减小,最大 Von Mises 应力为 46.76MPa。

3. 运行工况下位移的计算结果及分析

有限元坐标系竖向位移计算结果中向上为正,向下为负。径向位移计算结果中背离圆心为正,指向圆心为负。

运行工况中沉筒结构的主要位移计算结果如下。

(1) 竖向及径向位移(见图 6-19):运行期围岩开挖荷载已释放完毕,沉筒结构主要受外水压力及灌浆残余应力的作用。由于外水压力呈上小下大的分布规律,因此,沉筒的竖向最大位移出现在沉筒结构的顶部,为 0.18mm;此外,受外水压力的作用,沉筒的最大径向位移出现在沉筒结构的底部,为 0.19mm。

(2) 整体位移(见图 6-20):沉筒结构的整体位移分布规律与竖向位移的分布规律基本相同,最大位移出现在沉筒结构的顶部,为 0.20mm;运行期工况,沉筒结构的位移主要由竖向位移及径向位移组成,其余方向的位移均较小。

(3) 位移矢量(见图 6-21):沉筒结构的位移矢量以向上、向内为主。

(4) 变形示意(见图 6-22):选取两节沉筒结构,位移变形的示意表明,沉筒内部的环向槽钢对结构进行了有效加强,槽钢加固部位的沉筒变形相对较小。

(5) 径向位移(见图 6-23):选取两节沉筒结构,径向位移表明,沉筒在外部荷载的作用下向箱体内部变形,最大径向位移为 0.12mm;沉筒内部的环向槽钢对结构进行了有效加强,槽钢加固部位的沉筒变形相对较小,其最大径向位移为 0.07mm。

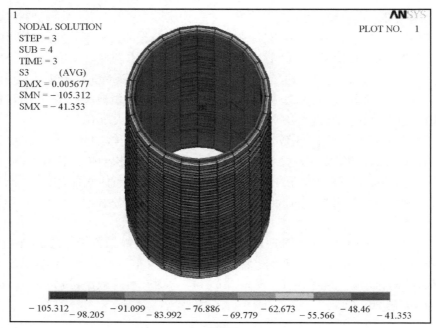

(a) 整体图

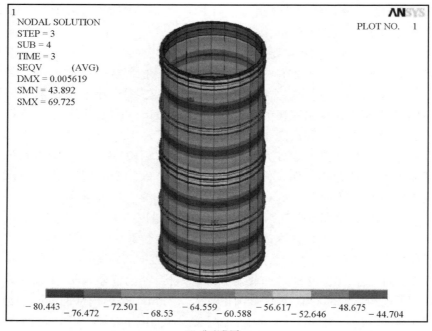

(b) 典型段图

图 6-17　沉筒钢结构第 3 主应力云图(施工工况,单位:MPa)

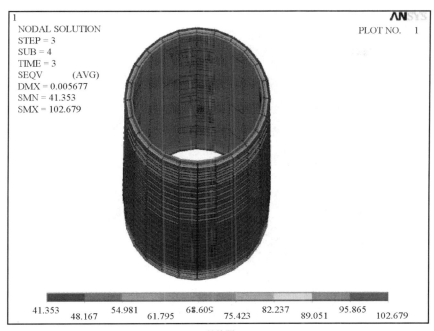

(a) 整本图

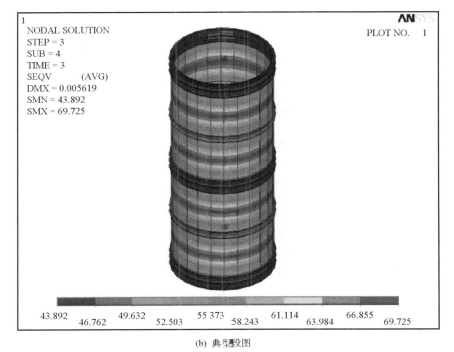

(b) 典型段图

图 6-18　沉筒钢结构 Von Mises 应力云图(施工工况,单位:MPa)

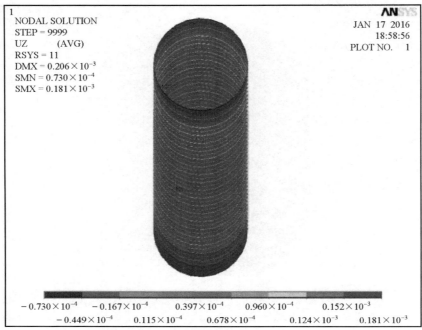

(a) 沉筒结构竖向位移云图

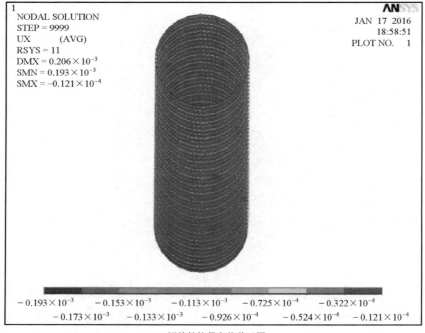

(b) 沉筒结构径向位移云图

图 6-19　沉筒结构竖向及径向位移云图(单位:m)

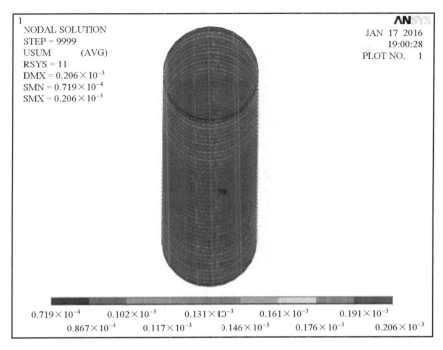

图 6-20　沉筒结构整体位移云图(单位:m)

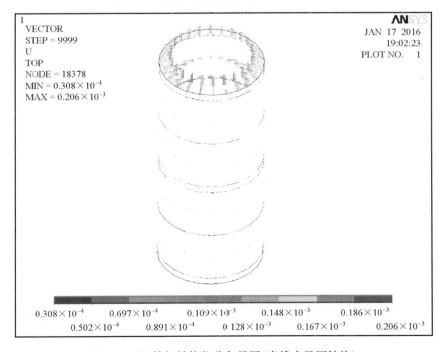

图 6-21　沉筒钢结构位移矢量图(虚线表示原结构)

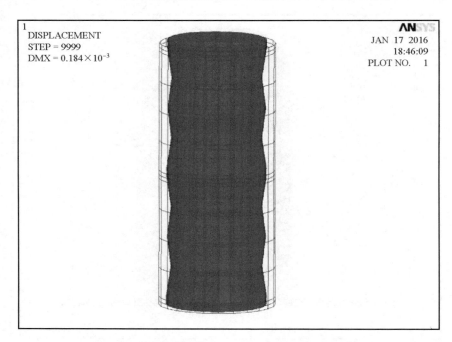

图 6-22　沉筒钢结构位移示意图(细线表示原结构)

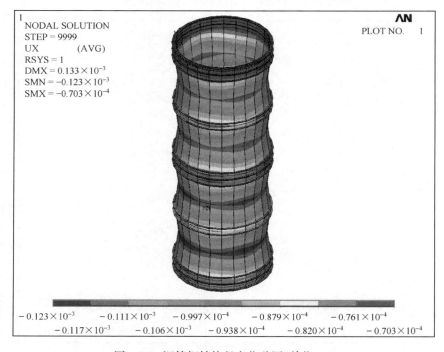

图 6-23　沉筒钢结构径向位移图(单位:m)

4. 运行工况下应力计算成果及分析

应力的单位规定拉应力为正,压应力为负。主应力云图选取整体(全部沉筒)及典型段(两节沉筒)进行分析。

运行工况中沉筒结构的主要应力计算结果如下。

(1) 第 1 主应力(见图 6-24):第 1 主应力主要考查结构的受拉情况。由整体

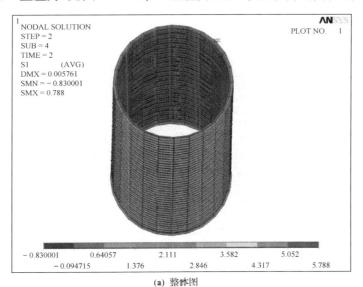

(a) 整体图

(b) 典型段图

图 6-24　沉筒钢结构第 1 主应力云图(运行工况,单位:MPa)

图及典型图都可以看到,沉筒结构的第 1 主应力实际上并未表现出明显的拉应力,说明结构整体基本都是受压的,只是在两端受其他部位的开挖影响,存在局部的拉应力。其中,由整体图可见,沉筒结构的第 1 主应力整体表现以受压为主,最大压应力为 - 0.83MPa,在靠近顶部,内侧开始出现部分拉应力,最大拉应力为5.79MPa,出现在沉筒顶部;由典型段图可见,沉筒结构在槽钢加强的部位,拉应力均有显著减小,槽钢部位的最大压应力为 - 0.06MPa。

(2) 第 3 主应力(见图 6-25):第 3 主应力主要考查结构的受压情况。由整体

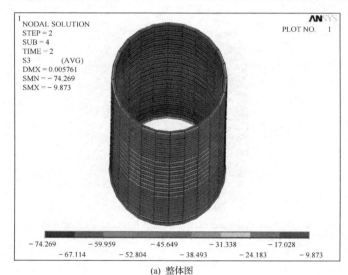

(a) 整体图

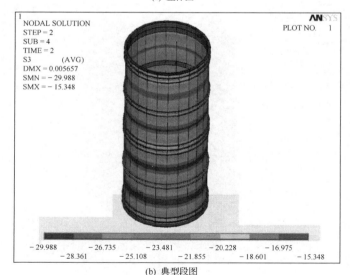

(b) 典型段图

图 6-25　沉筒钢结构第 3 主应力云图(运行工况,单位:MPa)

图可见,沉筒结构的第 3 主应力整体表现以受压为主,箱体内侧、外侧均受压,内侧压力大于外侧压力,最大压应力出现在箱体底部,为-74.27MPa;由典型段图可见,沉筒结构在槽钢加强的部位,压应力均有显著减小,其最大压应力为-20.23MPa;

（3）Von Mises 应力（见图 6-26）:由整体图可见,沉筒结构箱体内侧压力大于外侧压力,最大 Von Mises 应力出现在箱体底部,为 63.83MPa;由典型段图可见,沉筒结构在槽钢加强的部位,Von Mises 应力均有显著减小,最大 Von Mises 应力为 16.49MPa;

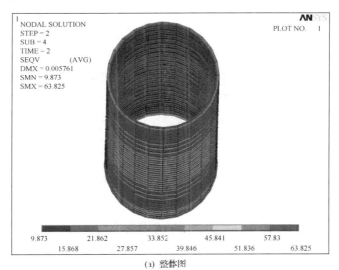

(a) 整体图

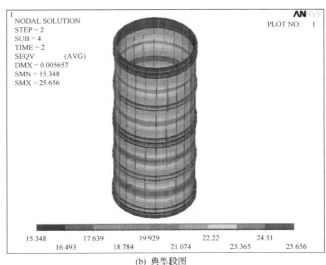

(b) 典型段图

图 6-26　沉筒钢结构 Von Mises 应力云图（运行工况,单位:MPa）

第7章 新型防渗堵漏便携式灌浆装置及施工技术

引黄入洛工程隧洞工程,由于隧洞埋深大,达160～200m,地下水丰富,施工中需要对衬砌洞段进行防渗堵漏处理。小范围、间隙式、少浆量的防渗堵漏灌浆施工所需注浆量少,往往需要布设注浆管路,在注浆管路中会浪费相当一部分注浆液(工程实践中经统计,浪费的浆液约为真正所灌入岩层中浆液的1～3倍),易造成很大的浪费。

目前,在房屋建筑、水利水电、矿山开采、隧道挖掘等工程技术领域中普遍使用的灌浆机主要用于作业面大、灌浆量高的灌浆工程中(邝健政,2001;王明森等,2010;崔玖江和崔晓青,2011;张永成,2012;中华水电基础局有限公司,2012,2014),一般以拌浆机、注浆机作为注浆灌浆设备,例如FBY系列双液压灌浆机,所采用的灌浆机适用于持续时间长、灌浆量大的灌浆施工中,这种灌浆机体积大、结构复杂、操作繁琐、维护困难(杜嘉鸿等,1993;岩土注浆理论与工程实例协作组,2001;熊进等,2003;冯涛,2012;李旭东等,2013),在深埋隧洞内小范围、小灌浆量、间隙式的防渗堵漏灌浆施工存在很大的技术局限性。

因此,针对现有灌浆机在工程中防渗堵漏灌浆技术的缺陷,研发了便携式灌浆设备,能有效利用现场已有的动力设备,提高现场已有资源的优化配置,有效节省施工成本,有效弥补现有灌浆设备的技术局限性。该新型便携式灌浆装置成功在多个工程中使用,该装置结构简单、小体积、操作简单、便于携带、造价及维护成本低、效率高、适用性强,具有广泛推广价值(丹建军,2014;张战强等,2016(a))。

7.1 灌 浆 装 置

7.1.1 灌浆装置的设计参数及结构

便携式灌浆设备设计参数见表7-1,设备结构示意图如图7-1所示。

表7-1 便携式灌浆设备设计参数

电机功率/kW	W/C	灌浆压力/MPa	垂直输送距离/m	水平输送距离/m	搅拌斗容积/L	整机重量/kg	材质厚度/mm	外形尺寸($D×H$)/mm
7.5	≥0.60	0.3～0.8	3	10	35	53	A3型钢板/5	340×520

注:灌浆液为水泥浆或者水泥浆与水玻璃混合物。

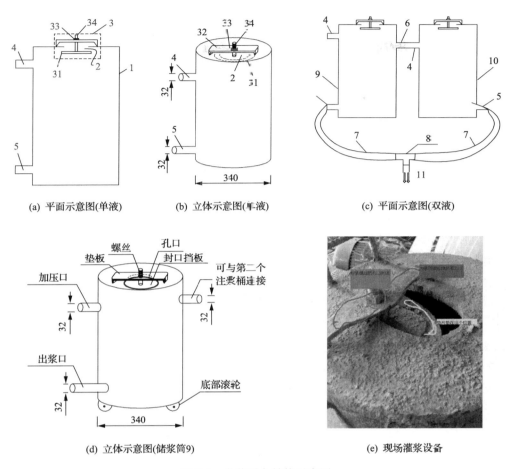

(a) 平面示意图(单液)　　(b) 立体示意图(单液)　　(c) 平面示意图(双液)

(d) 立体示意图(储浆筒9)　　　　(e) 现场灌浆设备

图 7-1　灌浆设备结构示意图

1. 储浆筒；2. 进料口；3. 密封结构(31. 密封盖板；32. 挡板；33. 螺母；34. 螺栓)；4. 加压接口；
5. 出浆接口；6. 出气接口；7. 出浆管；8. 三通接头；9. 储浆筒；10. 储浆筒；11. 出浆口

　　单液便携式灌浆设备如图 7-1(a)、图 7-1(b)所示，双液单液便携式灌浆设备如图 7-1(c)。单液便携式灌浆设备由储浆筒、进料口、密封机构及出浆接口构成，密封机构包括分设于进料口内外的密封盖板、挡板、拧紧螺母和连接螺栓，椭圆形密封盖板设于储浆筒的内腔中，其直径大于进料口的孔径，进料口呈椭圆形，挡板长度大于进料口的长轴直径，密封盖板顶面上设置橡胶垫片，利用螺母和螺栓通过挡板中心对应开设的通孔将密封盖板、挡板与进料口的周边内、外侧壁密封，确保灌浆时密封进料口。

　　储浆筒的外筒壁上部设有与储浆筒内腔相通、用于连接高压气源的进气接口，在储浆筒的外筒壁下部固定有与储浆筒内腔连通、用于连接出浆管的出浆接口。

在该储浆筒上还设有用于在灌浆时密封进料口的密封机构,该密封机构包括设于储浆筒内腔中、用于与进料口周边内侧筒壁密封配合的密封盖板,设于储浆筒外、用于与进料口附近的外侧筒壁挡止配合的挡板,连接于密封盖板和挡板之间的连接螺栓。连接螺栓的头部固定连接在密封盖板的中心,连接螺栓的螺纹部穿过挡板中心对应开设的通孔并旋装有与挡板顶面挡止配合的拧紧螺母。

　　储浆筒由圆柱筒形的筒身及密封连接在筒身上下两端端口的顶板和底板围成,进料口开设于顶板上。储浆筒的立体示意图如图 7-1(d)所示,现场施工的灌浆设备如图 7-1(e)所示,主体为钢桶,直径为 340mm,壁厚为 5mm;顶部设有孔口,孔口直径为 12mm;封口挡板为钢圆盘,直径为 20mm,壁厚为 5mm,上附橡胶垫片,封口挡板可通过其上的螺丝和垫板将孔口封闭严密。加压口、进浆口、出浆口都为 Φ32mm 钢管。

　　图 7-2 为单液便携式灌浆设备,进气接口通过高压气管连接高压气源,储浆筒的出浆接口连接灌浆管,将灌浆使用的浆液通过进料口注入储浆筒中,然后通过密封机构将进料口密封,高压气源产生的高压气体通过进气接口注入到储浆筒的内腔中,储浆筒内腔中的浆液受高压气体作用经出浆接口从出浆管喷出实现灌浆作业。

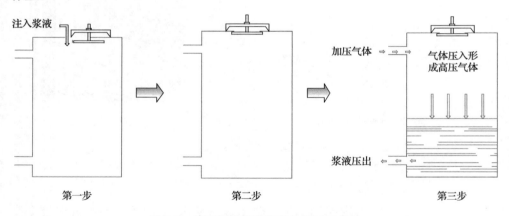

图 7-2　单液便携式灌浆设备施工工艺图

　　图 7-3 所示为双液便携式灌浆设备,该设备由两个储浆筒、两个出浆接口、出气接口、两个出浆管及三通接头组成,其中一个储浆筒设有出气接口。对于出水量较大的渗漏部位,可以灌入水泥浆和水玻璃等混合灌浆液,达到防渗堵漏的目的。

　　采用双液双液便携式灌浆设备灌浆时,将第一个储浆筒的进气接口连接高压气源,其出气接口与第二个储浆筒上的进气接口连接,从而使两个储浆筒串接。经由两个储浆筒进料口可分别加入不同浆液,密封进料口,高压气源将其中一个储浆筒进气接口进入,当高压气源压入其中一个储浆筒时,两个储浆筒同时充满高压气

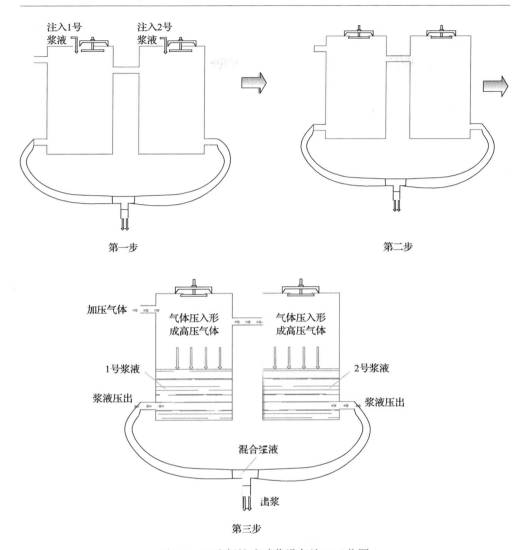

图 7-3　双液便携式灌浆设备施工工艺图

体,在高压气体作用下两个储浆筒内的浆液在出浆口处混合后注入到灌浆部位。在两储浆筒下部设置的出浆接口上分别连接一根出浆管,两出浆管的出口端分别连接在三通接头上,两储浆筒内的浆液分别经对应连接的出浆管在三通接头内混合后再注入到灌浆部位。

7.1.2　施工工艺

工作原理:在封闭容器中,将加压气体注入容器中产生高压气体,在高压气体作用下,将浆液压入所需注浆的防渗、者漏的缝隙或空隙中。在实际施工过程中加压口通过风管与空压机相连,可采用压力表控制压力。由空压机提供的高压气体是该设备中主要的动力源,本工程采用永邦螺杆式空压机 WBS-75A,最大可提供1MPa 压力,灌浆压力最大可稳定在 0.8MPa。

① 单液便携式灌浆设备施工工艺如图 7-2 所示。

第一步:通过顶部进料口向储浆筒内腔注入浆液。

第二步:利用密封机构将进料口密封。

第三步:通过高压气源经加压接口向储浆筒内腔注入加压气体,使储浆筒内气体形成高压气体,从而将浆液从出浆接口压出,经灌浆管注入需要防渗、堵漏的缝隙中。

② 双液便携式灌浆设备施工工艺如图 7-3 所示。

第一步:通过两个储浆筒的顶部进料口向储浆筒内腔分别注入浆液。

第二步:利用密封机构将两个储浆筒进料口密封。

第三步:通过高压气源经其中一个储浆筒的加压接口向储浆筒内腔注入加压气体,同时加压气体通过出气接口与另一个储浆筒的加压接口相连,使另一个储浆筒内气体形成高压气体,从而将不同的浆液从所在的储浆筒的出浆接口压入相连的灌浆管中,并经灌浆管连接的三通后在出浆口处形成混合浆液,最后将混合浆液从出浆口注入需要防渗、堵漏的灌浆部位。

实施过程中,设备中主要的动力源可由空压机提供的高压气体提供,将加压接口通过风管与空压机相连,可采用压力表有效控制压强。

7.1.3　优越性

所研发的灌浆装置的优越性有以下几点。

(1) 结构简单、设计巧妙、制作成本低,各部件安装、拆卸、维修方便,维护成本低,设计进料口和密封盖板为椭圆形,便于检修和维护。

(2) 通过便携式灌浆装置顶部进料口向储浆筒内腔加入浆液,在密封机构将进料口密封后通过进气接口向储浆筒内腔注入高压气体,使储浆筒内产生高压,从而将浆液从出浆接口压出,经灌浆管注入需要防渗、堵漏的缝隙中,有效克服了现有技术的缺陷。

(3) 体积小、重量轻,便于携带、操作方便,设备移动轻松随意,可以移动到任何需要的场所使用,可以根据需要放置在地面或者深埋洞室的灌浆部位附近,具有很强的工程实用性。

(4) 施工相当经济,比常规的小型灌浆设备更经济。工程中采用拌浆机、注浆机进行注浆的灌浆设备,需要注浆量少,但需要布设注浆管路,在注浆管路中浪费相当一部分注浆液。该设备可以大量节省需布设的注浆管,从而有效降低注浆管的费用,避免浪费大量的注浆液。

（5）适用性强，可以满足工程实施中双浆液（或者多浆液）混合注浆需求，如水泥浆与水玻璃的双液注浆。

（6）克服了传统灌浆机设置在地面、对深埋隧洞灌浆洞段小注浆量灌浆施工需要布设很长的注浆管路的缺点，防渗堵漏灌浆效果好，效率高。

7.2　工程实践验证

7.2.1　工程应用

隧洞内工作面埋深为 160~200m，已经衬砌的 10+630~14+530m 段有水渗出的洞段需要进行灌浆处理，需要的灌浆量较少，距离洞外距离很长，动力设备在洞外。在此情况下，采用了新型便携式防渗堵漏灌浆设备，利用洞内施工现场的空压机作为高压气源动力源，通过已布设至工作面的空压机风管将高压气体输入到灌浆设备中，并直接在注浆工作面附近拌制水泥浆液（和水玻璃）。施工中采用单液便携式灌浆设备，对局部小范围的部位进行防渗、堵漏、灌浆处理；在含水量相对较大的部位采用双液便携式灌浆设备进行注浆施工，将水泥浆和水玻璃注入前方掌子面中，既达到了堵水目的，又有效提高了掌子面前方待开挖围岩的稳定性，有效降低了施工掌子面的涌砂现象。整个灌浆施工经济、操作方便，灌浆效率高，很大程度上节约了成本，避免了浪费，有效对渗漏的部位进行了防渗、堵漏，灌浆效果好。

7.2.2　工程适用性

工程实践表明，该设备具有很强的工程适用性。

（1）有明显渗水的地层，如砂砾岩地层、细砂岩地层，掌子面出水影响施工，可采用便携式灌浆设备进行超前小导管注浆，将水泥浆注入到前方掌子面中，达到堵水及提高掌子面前方土体的整体稳定性的目的。

（2）对于已衬砌的渗水洞段补灌。当空洞较小需较少灌浆量时，采用单液便携式灌浆设备；对于较大渗水部位，采用双液灌浆便携式灌浆设备。

（3）对于深埋隧洞的少浆量的灌浆施工，可利用现场动力，经济、高效，优越性更明显。

（4）因为需浆量较少，可在灌浆部位附近进行浆液的拌制。

（5）有效利用现场布设的空压机提供高压气体，能保证便携式灌浆设备的灌浆压力持续稳定，满足灌浆施工需求。但对于注浆压力要求高的注浆工艺，例如劈裂灌浆等不能适用。

（6）便携式灌浆设备可以进一步优化，如储浆筒上安装压力表，通过压力表控制灌浆压力，或者采用高强质、轻材料制作该设备，进一步提高设备的轻便性等。

第8章　富水新近系围岩隧洞支护新技术

施工现场受开挖扰动、施工机械、爆破振动的影响,极易发生塌方。试验表明,新近系富水弱胶结泥质砂岩、砂质泥岩及其互层结构的强度极低,属于软岩或者极软岩,分散性大,变形在很短的时间内完成,而且在很短的时间内强度迅速降低,含水率和岩石结构对软岩的影响很大。数值分析表明,此类围岩的隧洞施工应先降水再施工,因此,在洞外深井群超前降水的基础上,针对流砂层段施工难题,提出可以有效固砂的透水钢板桩施工技术;针对处理与加固流砂层渗流大变形这一施工难题,提出了应急处理技术及加固处理措施;针对隧洞围岩内地下水中细砂和粘粒含量较高难以集聚和排出的难题,提出透水钢板桩或钢板槽集水坑、钢护筒集水井等洞内降水技术。同时,根据不同地质条件采取不同的施工技术,采用常规井点降水、两台阶分部开挖方法,采取短进尺、快支护、紧跟二次衬砌等施工措施,成功对新近系地层隧洞进行了施工和加固,效果显著。

8.1　深埋斜井流砂层段透水钢板桩施工技术

8.1.1　概述

引黄入洛工程的引水隧洞段是整个工程的控制工程,为加快施工进度,在隧道沿线增加了若干个竖井和2个斜井(10#、11#斜井),10#和11#斜井断面围岩出现未胶结砂层,受地下水的作用形成流砂层,在工作面上方区域沿着洞轴线以一定的倾斜坡降,逐渐下移至工作面顶部,分别出现在施工掌子面的上、中、下部或者掌子面全断面。由于埋深较大、斜井设计断面较小,出现流砂层至地面的斜井段已经施工衬砌完毕。

流砂层在施工掌子面的地质分布方式有三种:①流砂层布满全断面;②流砂层分布在掌子面上部、其下部为弱胶结岩层;③流砂层分布在掌子面的下部、其上部为弱胶结岩层。由于流砂层中含大量细砂和粘粒,在施工中流动性极大,难以开挖成型,给施工造成了极大的困难。引黄入洛工程10#斜井隧洞埋深100~180m范围的施工区域出现了流砂层,层厚为23m;11#斜井在埋深100~150m范围内出现了流砂层。流砂层具有很强的渗透性,且地下水丰富,且形成了承压水头,由于流砂层基本无粘结能力,受地下水的作用,施工开挖时流动性极大,难以开挖成型,涌水、涌砂、塌方、泥石流等地质灾害频发,施工难度极其大。

流砂层极易受到施工环境如重力、地下水、施工爆破及开挖机械等因素的影响,突发涌水溃砂事故,其突发性、溃砂突水量难以计算,易造成围岩内部大体积空洞,导致围岩失稳,严重威胁施工人员生命安全,施工难度为国内外罕见,已成为岩石力学与工程领域亟待解决的科学技术难题(徐辉和李向东,2009;于澎涛等,2009;胡锋,2012;毕焕军,2013)。目前,先进的隧洞施工技术主要有冻结法、固结灌浆法和盾构法(陈祥恩和杜长龙,2009;袁全义,2009;王东,2011)。国内外文献中,与斜井新近系流砂层的施工技术相关的文献较少。

目前,斜井流砂层段的先进施工方法主要有冻结法、注浆法、沉井法等(赵玉明,2013;樊启祥等,2013;张国良等,2015)。由于埋深较大、地下水丰富,斜井设计断面较小,出现流砂层部位至地面的斜井段已经施工衬砌完毕,考虑经济条件、技术要求和施工环境,沉井法、冻结法、注浆法在该工程中无法使用。

针对这一工程施工难题,结合试验研究的工程特性、破坏机理及数值分析,施工中采用针对斜井流砂层段透水钢板桩施工技术,并结合两台阶法、超前加固、集水坑(井)降水等技术,完成了对深埋斜井流砂层段的开挖和支护。

8.1.2 透水钢板桩施工技术

1. 透水钢板法设计

采用成品槽钢,沿槽钢纵向钻多排透水孔形成透水钢板,沿所加固的流砂层施工断面向围岩前方或下方以一定角度打入透水钢板,并使相临透水钢板一正一反相扣形成整体透水钢板桩;可根据不同施工区分别实施,使施工流砂层开挖区与所加固的围岩相对隔离,有效排出地下水,仅允许少量流砂流入施工区,形成少水低水压的施工区域,起到有效排水和固砂的作用,增强围岩的整体稳定性。工程施工表明,采用透水钢板桩施工技术,并结合两台阶法、超前加固技术、集水坑(井)降水技术等技术,对斜井全断面或施工断面局部出现的流砂层段可进行有效施工,每月进尺达 15m 以上。该技术能有效降水固砂,施工操作简单,成本低廉,适用性强,推广使用性强。

透水钢板桩施工技术对流砂层进行固砂排水(图 8-1 所示),然后根据流砂层和软岩在开挖断面中的不同分布,分别采取不同的开挖支护方法和洞内降水技术。

2. 加工透水钢板

透水钢板桩法施工示意见图 8-2。如图 8-2(a)所示,将现有的 14$^\#$ 槽钢(长度为 1.5～2.0m)沿纵向钻多个透水孔,形成透水钢板,并将其下部切割成锥形,以利于向砂层内打入,内设 2～3 层滤砂布(用钢筋固定保护砂布),相临透水钢板一正一反相扣形成整体透水钢板桩。

(a) 透水钢板桩，及一侧集水坑

(b) 侧墙透水钢板桩防护

(c) 打入后的透水钢板桩

(d) 底板四周打入透水钢板桩

图 8-1　现场透水钢板板桩施工

3. 透水钢板桩设计

（1）根据施工分区顺序，在掌子面分布的流砂层部位进行透水钢板桩固砂施工，然后采用两台阶施工法进行开挖、超前支护及降水。全断面流砂层需要在全断面形成透水钢板桩，根据施工分区顺序分别施工。

（2）Ⅰ区钢板桩沿开挖Ⅰ区向拱部围岩前方将预制的透水钢板按 30°左右的倾角打入一定深度，并使透水钢板一正一反相扣，形成密排透水钢板桩，见图 8-2(b)，同时允许开挖区围岩内地下水携带少量流砂，通过透水钢板上的钻孔流入施工Ⅰ区。

（3）Ⅱ区钢板桩在开挖Ⅱ区的三个方向按 30°左右的倾角向围岩内打入一定深度的透水钢板，形成密排透水钢板桩［见图 8-2(b)、图 8-2(c)］，允许高压水和少量流砂流入Ⅱ区的开挖区域。

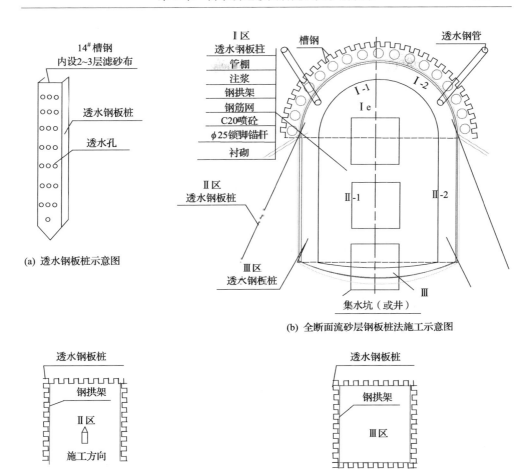

(a) 透水钢板桩示意图

(b) 全断面流砂层钢板桩法施工示意图

(c) Ⅱ区透水钢板桩施工示意图

(d) Ⅲ区透水钢板桩施工示意图

图 8-2　透水钢板桩法施工示意

　　(4) Ⅲ区钢板桩在开挖Ⅲ区的四个方向按 30°左右的倾角向围岩内打入一定深度的透水钢板[图 8-2(c)、图 8-2(d)],形成密排透水钢板桩,允许水和少量流砂入Ⅲ区的开挖区域。

8.1.3　透水钢板桩在流砂层段的实施

1. 全断面流砂层中的施工

　　采用透水钢板桩法,对全断面流砂层实施分区加固,结合两台阶法开挖、超前加固技术、超前管棚施工技术、钢护筒集水井或者透水钢板槽集水坑降水技术,在施工中避免了大方量的塌方和涌砂事故的发生,施工工艺如下。

（1）预制钢拱架按照隧洞断面开挖尺寸采用 14# 工字钢拱架预制弧形钢拱架，为运输和安装方便，一榀钢拱架分弧形左拱架、弧形右拱架，左、右钢拱架下支撑及弧形底板钢拱架，并在弧形左拱架、弧形右拱架顶部焊接钻孔的钢板。

（2）沿Ⅰ区拱部向围岩前方和下方用千斤顶打入透水钢板，形成透水钢板桩固砂，允许地下水流入施工区，降低流砂层内地下水压，提高砂层开挖时的稳定性。

（3）开挖Ⅰ区采用两台阶施工方法人工作业，如图 8-2(b)。开挖时分Ⅰ-1、Ⅰ-2 区分别掏挖并及时安装弧形左、右钢拱架到位，并在顶部对接钢板处用螺钉锚固，开挖每循环 30～50cm 立即安装一榀弧形钢拱架，每两榀钢拱架间用 6.3# 槽钢进行纵向连接，间距为 30cm，使所有单个拱架连成为一个整体，增强整体受力效果。拱架两侧根部打入锁脚锚杆，每侧两组，一组 2 根。锁脚锚杆用 φ25mm 钢筋，长度为 150cm，锁脚锚杆露出部分与拱架根部焊接牢固，方便施工人员进出，并使钢拱架现场快速安装，方便、易于操作。在施工区中间部位设置钢护筒集水井或者透水钢板槽集水坑，并随着开挖区域的下移将集水井或集水坑从Ⅰ至Ⅲ区不断向下打入，保证施工排水顺畅。

（4）采用超前管棚、小导管灌浆，沿弧形钢拱架与透水钢板桩间打入一排钢管棚，管径为 32mm，自进式中空锚杆管棚的长度为 2.5～3.0m，并视打入深度适当调整，环向间距为 10cm，水平搭接长度为 1.50m，向上倾角为 5°～10°，然后将掌子面喷浆封闭，打入的管棚作为小导管进行固结灌浆，灌浆分两序进行。

（5）灌浆完成后进行核心区Ⅰe开挖，沿洞轴线方向每循环 30～50cm（视围岩稳定情况可适当调整）立即安装一榀钢拱架（此时需特别注意此榀拱架应高于前一榀拱架 5～8cm，以便安装下一榀钢拱架后第二排管棚打入），依次循环。

（6）当Ⅰ区开挖深度达到 1m 左右时，将Ⅰ区透水钢板桩向前方继续打入，并根据需要适当加长，以便能开挖到设计高程。每隔 1.5～2.0m 打入一排透水钢板桩。当Ⅰ区开挖约 2.0m 时挂网喷砼。每次循环保持Ⅰ区开挖超前Ⅱ区约 1.0m，并将钢护筒集水井或者透水钢板槽集水坑向下打入Ⅱ区[见图 8-2(b)]，进行Ⅱ区施工。

（7）沿Ⅱ区三个方向的一定角度打入透水钢板，形成透水钢板桩，与Ⅰ区施工断面流砂层外的透水钢板桩相连接，可以保证Ⅱ区开挖时流砂层的稳定性。

（8）对Ⅰ区、Ⅱ区进行永久衬砌后，进行Ⅲ区施工。

（9）在Ⅲ区围岩外侧以一定倾角沿四周打入透水板桩[见图 8-2(d)]，对整个开挖断面的流砂层形成透水钢板桩，提高了流砂层的整体稳定性，可以对Ⅲ区进行有效施工并及时安装仰拱钢拱架，使钢拱架形成封闭结构，避免开挖底部时涌砂现象发生，保证施工安全。

2. 掌子面下部流砂层的施工

如图 8-3 所示，在隧洞开挖断面中对掌子面下部Ⅱ区、Ⅲ区或Ⅱ区与Ⅲ区的流砂层段进行施工。在相应流砂层施工区域施工前，首先打入透水钢板形成透水钢板桩，进行固砂和排水后采用超前加固措施及预留核心区开挖，并采用钢板桩（或钢板槽）集水坑或者钢护筒集水井结合井点降水的技术，施工较为顺利，每月进尺 20m 以上。

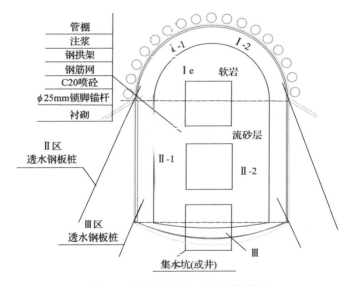

图 8-3　钢板桩法施工＋超前管棚

隧洞开挖断面中，流砂层出现在掌子面下部的Ⅱ区、Ⅲ区，流砂层区域采用透水钢板桩法施工，软岩在Ⅰ区，采用超前支护加固施工后预留核心区开挖，并采用钢板桩（或钢板槽）集水坑或者钢护筒集水井并结合井点降水技术，施工技术如下。

（1）开挖掌子面超前管棚小导管灌浆施工。

（2）开挖Ⅰ区，以能安装钢拱架的弧度分别开挖Ⅰ-1 和Ⅰ-2 区，预留核心土 1e 区，一侧开挖到位安装弧形钢拱架，其下部用锁脚锚杆与钢拱架焊接锚固，再开挖支护另一侧，有效减小对软岩的扰动并实现及时支撑。有地下水时在中间设置钢护筒集水井结合轻型井点降水抽排水，每隔 50cm 安装一榀钢拱架。

（3）在Ⅱ区和Ⅲ区向围岩外侧打入密排透水钢板桩，人工施工，具体施工详见前述。

8.1.4　施工效果

透水钢板桩施工技术的施工效果良好，该技术的优越性见如下分析。

（1）透水钢板桩施工技术有效解决了深埋斜井流砂层段难以采用现有的先进施工方法的施工难题。

（2）通过透水钢板桩法施工技术向所加固的流砂层段围岩内打入透水钢板并形成整体透水钢板桩,对掌子面全断面及不同部位出现流砂层的施工段进行有效加固;结合超前支护和有效降水措施,能有效阻挡流砂层的流动,允许流砂层内的地下水有效排出,仅允许少量流砂通过透水钢板桩流入到施工区域,使得砂体颗粒间能暂时稳定;该技术增强了开挖掌子面软岩、未胶结砂层和流砂层整体的稳定性,有效限制了围岩的变形和较大砂层的流动,在施工中没有发生大的塌方和涌砂事故。

（3）透水钢板桩法施工技术施工方便、成本低廉,操作简单,适用性强,能有效避免流砂层施工区域大方量地质灾害的发生,保证了施工安全。

（4）工程实践表明,透水钢板桩施工技术结合了两台阶法、超前加固技术、降水技术,可以对斜井不良地质地段进行有效加固,也能对正洞流砂层段进行有效施工,每月进尺 15～20m 以上,能有效解决深埋斜井流砂层的开挖支护施工难题。

8.2　流砂层渗流大变形的处理与加固技术

引水隧洞施工中的流砂层段施工难度很大,发生渗流大变形时的处理加固是施工中的难题,施工措施应及时有效,并且不能对围岩造成较大的扰动,否则会造成围岩内松动区范围增大,使围岩结构破坏、稳定性变差,变成松散的砂状或者层面裂隙扩展,造成更大方量的渗流大变形的发生。

针对这一施工难题,施工中提出了一套行之有效的渗流大变形的应急处理加固方案,首先采取挡砂板桩、楔形木桩、排水管堵排结合及固结灌浆封堵掌子面等措施进行应急处理,防止洞内发生长距离涌流,对涌流口进行快速有效封堵;在下部岩层区采用开挖导水洞的洞内降水技术,在透水钢管、排水孔和导水洞三者之间的流砂层区域形成有效的超前排水区,及时排水并有效降低地下水位;然后采取透水钢板桩固砂和超前支护加固技术,将导水洞降水和有效固砂、超前加固相结合,对流砂层渗流大变形区域进行有效加固,增强流砂层段围岩的稳定性,避免大方量渗流大变形现象的发生。对引黄入洛隧洞上部的流砂层、下部为软岩层的洞段进行了成功施工,保证了施工进度可以按期完工。

8.2.1　概况

引黄入洛工程隧洞埋深 120m 以上,10#斜井下游正洞地质状况复杂,施工至10#斜井下游正洞桩号 11＋050 处掌子面出现渗漏水。随着掘进深度增加,掌子面漏水呈不断加大的趋势,在 2014 年 4 月 28 日施工至桩号 11＋060 处时,洞顶突涌泥约 67m³,涌流长度达 23m,且涌水、涌砂、泥石流等事故频繁出现在清理的过程中。截止 2014 年 6 月 5 日,在 37 天为施工掘进了 10m 成品洞,大小涌流出现 10 次,每次涌砂流量在 5~60m³。施工进度非常缓慢,安全问题突出,施工现场险象环生,成本直线上升,经济损失巨大。

8.2.2　应急处理措施

(1) 在距掌子面 4m 处沿垂直洞轴线打入一排挡砂板桩,材料为楔形木板,密布打入,阻挡掌子面的涌砂,防止洞内发生长距离涌流事故。

(2) "楔形木桩＋排水管堵排"结合。改进涌流口打入楔形木桩封堵的方式[图 8-4(a)],在打入楔形木桩封堵的同时打入 PVC 排水管[图 8-4(b)],有效排出掌子面前方的地下水,局部用砂土袋填塞反压,降低渗流水压力差,保证对涌流口的快速有效封堵。

(3) 掌子面固结灌浆加固。对开挖掌子面实施固结灌浆,布置及工序见图 8-5(a)、图 8-5(b),沿掌子面拱部周边共布置 9 根灌浆管,采用风钻钻孔,灌浆钢管的直径为 32mm,长度为 2.5m,进行固结灌浆。灌浆时分序实施,终孔压力控制在 2MPa 左右,顺序为①→④→⑨→⑥→⑤→⑦→⑧→③→②→①,直至循环达到灌浆深度,在施工掌子面做喷浆封堵[图 8-5(c)]。

在掌子面上部布置 4 根直径为 32mm、长度为 2.0m 的灌浆花管,对空腔部位进行回填灌浆,灌浆完成后分部位布设 3~5 个检查孔,根据检查情况决定停灌或补灌。

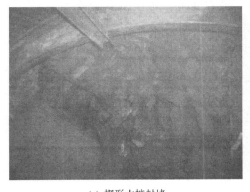 

(a) 楔形木桩封堵　　　　　　　　　　　　(b) 设置排水管

图 8-4　应急措施

8.2.3　前进超前加固注浆法处理

流砂层段采用工程实践认为有效的施工技术——前进超前加固注浆法进行试

验性施工。前进超前加固注浆法由专业隧洞灌浆作业队伍实施,采取全断面固结灌浆,一次灌浆长度在 15m 左右,开挖长度为 13m 左右。

固结灌浆管布置见图 8-5,采用直径为 32mm、长度为 15m 的灌浆钢管,进行固结灌浆,分序实施灌浆,灌浆顺序同前,循环灌浆至深度达 12.5m,终孔压力控制在 4MPa 左右。

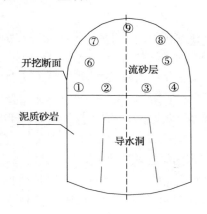
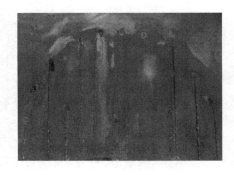

(a) 固结灌浆管布置及施工

(b) 固结灌浆及喷浆

(c) 喷浆封堵及灌浆检查孔

图 8-5　掌子面固结灌浆加固示意图

2014 年 9 月 10 日至 10 月 3 日进行固结灌浆,历时 23 天,共布设灌浆管 9 根,灌浆水泥用量近 400 吨,水玻璃用量近 150 吨,灌浆长度为 12.5m,灌浆终孔压力控制在 4MPa 左右。灌浆完成后于 10 月 4 日开始开挖,第一榀掘进 70cm 时掌子面左侧肩部再次出现涌砂,采取应急措施并进行补灌,至 10 月 16 日结束。掌子面右侧掘进至 60cm、左侧掘进至 40cm 时,涌水、涌砂再次发生,5 小时内涌流数十次,涌砂量达 160m³,洞内淤积物厚度达 2m、长度达 65m。从 10 月 16 日晚至 17 日耗时 16 个多小时采取应急措施封堵涌砂口,至 23 日清理涌砂结束,并对涌流部位补灌,布设灌浆管 2 根(长度分别为 12.5m 和 8m),灌浆用水泥 200 多吨。

10 月 30 日上午开始进行新一轮掘进, 第一棚掘进 80cm 并安放钢架, 第二棚刚开始开挖时在工作面右侧底部再次出现涌砂口, 涌砂量约为 10m³。

在前两个月的前进超前加固注浆法施工过程中反复出现涌水、涌砂和泥石流等地质灾害, 浪费了大量的人力、物力和财力, 施工进度仅为 5m, 施工安全受到严重威胁, 因此前进固结灌浆法不适用本工程。其原因在于前进固结灌浆法封堵了围岩内地下水的流出通道, 而且注浆加大了围岩内地下水的压力, 在围岩内砂层某些部位形成地下水的集聚, 某些部位在开挖时极易被水和砂突破发生涌水、涌砂事故。

8.2.4　导水洞超前降水

应急处理后, 对渗流大变形段进行加固施工。由于施工作业面狭窄、地质条件复杂, 工程实际造价远高于工程施工报价, 因此冻结法和盾构法均无法采用。对前进超前加固注浆加固措施进行了试验施工, 处理效果很差, 也无法采用。因而, 施工中提出将超前降水和有效固砂、超前加固相结合, 通过导水洞超前降水在透水钢管、排水孔和导水洞三者之间的流砂层区域形成有效的超前排水, 达到降低地下水位的目的。将导水洞降水与透水钢板桩固砂、超前支护加固相结合, 可以对流砂层渗流大变形段进行有效加固, 增加流砂层的整体强度和流砂层段围岩的稳定性, 有效避免大方量的流砂层渗流大变形的发生。

掌子面上部为流砂层, 中下部为岩层时, 可以在中下部岩层区采用开挖导水洞的洞内降水技术。

1. 导水洞设计

导水洞示意图见图 8-6, 导水洞降水是在透水钢管、导水洞和排水孔三者之间形成有效的排水区域。

透水钢管设置在邻近斜井开挖掌子面、已经完成衬砌的斜井顶部左肩和右肩处, 向下倾角 15°, 各打入一根直径为 32mm, 长度为 3m 的透水钢管, 钢管外包裹滤砂网, 并通过软管与真空泵连接, 排水入排水主管。

根据掌子面施工地质情况, 在施工隧洞掌子面下部软岩层区开挖导水洞 [图 8-7(b)], 在软岩区开挖导水洞, 采用洛阳铲掏孔分析导水洞上覆软岩层厚度、流砂层的覆盖厚度, 确定导水洞的尺寸高度控制在 1.5~1.7m, 以人能进出施工为原则。导水洞施工时与岩层的倾向坡降一致, 保证导水洞上方有足够的岩层厚度来承担上部荷载, 保证上部流砂层不会因扰动而发生坍塌。导水洞长度要根据隧洞施工掌子面上方流砂层分布及软岩层坡降来确定, 为确保施工安全, 要严格控制导水洞开挖长度, 并及时跟进导水洞上方隧洞断面的开挖及支护。

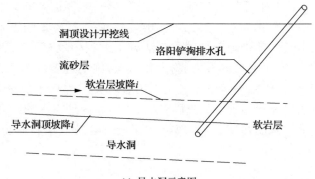

(a) 导水洞示意图

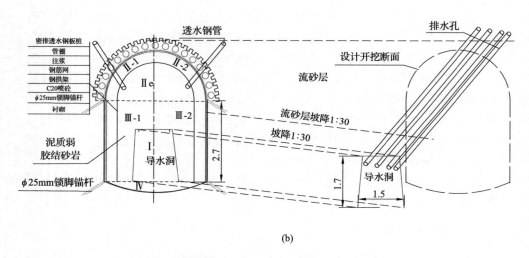

(b)

图 8-6 "导水洞＋透水钢板桩＋超前支护"示意图

2. 导水洞施工工艺

（1）如图 8-7(a)所示，初始方案为木支撑，在考虑安全的情况下，改用 140mm 工字钢支撑，洞外预制工字钢支撑横梁和斜撑，施工现场焊接，每隔 50cm 安装一架钢支撑，如图 8-7(b)所示。

（2）在邻近开挖掌子面、已经完成衬砌的隧洞顶部采用透水钢管降水［图 8-6(b)中透水钢管］。在临近掌子面附近已经衬砌完毕的隧洞顶拱两侧，向下倾角 15°各打入一根透水钢管，采用直径为 32mm、长度为 3m 的钢管，钢管外包裹滤砂网，通过 ϕ32mm 的软管接入真空泵抽排水。

（3）在掌子面下部软岩区开挖导水洞（图 8-6），采用钢支撑加固，用现有的 140mm 工字钢在洞外预制钢支撑横梁和斜撑，现场焊接，每隔 50cm 安装一架钢

(a) 木支撑　　　　　　　　　　　　　　(b) 工字钢支撑

图 8-7　现场导水洞示意图

支撑,导水洞循环施工长度为 5～10m。

(4) 排水孔、导水洞施工结束后,在前方工作面的上方倾斜向上、向前的方向用洛阳铲掏挖若干排水孔,并穿过流砂层至隧洞顶部上方,孔内植入河滩筛网裹体滤砂,使导水洞上方隧洞流砂层的高压水能有效排出。

3. 施工工艺

顶部透水钢管超前降水,然后开挖导水洞,实施超前降水;在掌子面上部流砂层施工区域采用透水钢板桩法固砂排水。

隧洞开挖采用两台阶法,按照Ⅰ～Ⅳ区的顺序依次开挖,上下两台阶距离为 1～2m,上部为流砂层施工Ⅱ区。下部软岩区开挖分步实施Ⅲ-1 和Ⅲ-2 区,每一区开挖到上部的钢拱架时,及时安装钢拱架下部支撑,再开挖另一区并安装钢拱架。下部支撑底端打入锁脚锚杆,钢拱架间乃采用 8.2# 槽钢纵向连接,挂网并喷混凝土。

挖掘机直接挖除导水洞支撑,底板Ⅳ开挖滞后,在衬砌前进行开挖,及时安装底拱钢拱架,仍采用纵向钢筋焊接,挂网并喷混凝土。每次循环全断面时紧跟衬砌,最后全断面衬砌。

4. 降水效果

透水钢管、排水孔和导水洞组成了相对封闭的降水区域,通过导水洞降水技术使导水洞上方流砂层与周围流砂层有效隔开,在整个导水洞上方形成了超前排水区,并在导水洞底部增设集水坑将集水及时排出,有效实现排水降压,降水效果良好(图 8-8),使得流砂层在施工掌子面上方的隧洞施工得以实施。

图 8-8　导水洞降水效果

8.2.5　加固技术

施工中常采用超前探测、密排钢拱架、双排管棚、双排小导管灌浆、排水管及短挖快喷等加固措施,具体加固技术如下所示。

（1）超前探测。采用洛阳铲及浅孔钻取芯超前钻孔预探开挖掌子面前方及顶部的地质情况。

（2）用 14# 工字钢预制钢拱架支撑,间距为每隔 1m 设 2 榀,钢拱架,挂双层网（图 8-9）。

钢拱架及锁脚锚杆　　　　　　　　　　　　　　　　钢钎

图 8-9　密排钢拱架施工

（3）超前双排管棚。前后两榀钢拱架打入的管棚分别称为第一棚和第二棚（图 8-10）,打入管棚的时间控制在 2.5～3.0 小时内,后一榀钢拱架再打入的为第二棚管棚,循环进行。

（4）双排小导管灌浆。超前管棚兼做灌浆管,将双液浆（水泥浆和水玻璃）经灌浆口混合进入灌浆管。采用分序灌浆（见图 8-10）,即一序孔采用的灌浆管长度

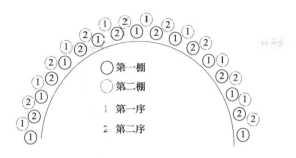

图 8-10　超前管棚及施工工序

为 3m、间距为 20cm,二序孔灌浆管长度为 2m、间距为 10cm,并作为加密补注管和检查管。施工中为了加大浆液扩散,将钻孔出浆口调整为出浆缝(长度为 10cm、宽度为 3～5mm)。

(5) 布置排水管。在衬砌完毕的隧洞正顶、侧向部位打排水孔,以减轻工作面的排水压力;灌浆结束后至掘进前,从工作面上、中、左、右等部位打入排水管,根据排水压力适当增加数量,有效排出掌子面内的地下水。灌浆前打入排水管穿过固结层,有效排出掌子面前方集聚的地下水,减少土体颗粒间的流动,降低阻止层的流动性。

(6) 短挖快喷采用两台阶开挖施工方法,上台阶开挖时采用人工掘进,锁脚锚杆按规范打进;下台阶开挖主要以小型挖掘机开挖为主,人工为辅。

8.2.6　施工效果

流砂层渗流大变形的应急处理技术及加固处理措施如下。

(1) 采取“挡砂板桩＋楔形木桩＋排水管堵排”结合的技术,进行清淤并喷浆封堵掌子面,防止了洞内发生长距离涌流事故,保证了对涌流口的快速有效封堵。

(2) 前进超前加固注浆施工技术在新近系流砂层渗流大变形段的隧洞施工无效,不适用于该地质条件下的隧洞施工。

(3) 洞内导水洞降水、透水钢板桩固砂和加强超前支护的等加固措施,在处理上部为流砂层、下部为软岩层的隧洞的复杂地质条件是有效、可行的,这些加固措施解决了新近系流砂层渗流大变形的施工难题,保证了施工安全和施工进度,避免了大方量渗流大变形事故的发生。

(4) 采取导水洞超前降水与透水钢板桩法固砂排水相结合的技术,通过导水洞超前降水,在透水钢管、排水孔和导水洞在三者之间的流砂层区域形成有效的超前排水区,有效降低了工作面前方的承压水头,达到较好的排水效果。通过透水钢板桩法减小了施工掌子面附近的砂水流动,并采取超前支护加固措施、洞内施工降水等技术,成功对掌子面上部为流砂层、下部为软岩层的斜井中间段进行有效施工,每月进尺达到 15m 以上。

8.3　洞内降水技术

隧洞新近系围岩段施工时,由于未胶结砂层及弱胶结岩中的细砂和粘粒含量较高,洞内抽排地下水时细砂和粘粒易堵塞排水管,无法采用常规洞内降水技术,施工掌子面前方围岩内及附近的大量积水无法有效排出,导致施工环境恶劣。如何有效处理洞内地下水问题,是施工中亟须解决的关键技术之一(李世才,2012)。

针对隧洞围岩内地下水中细砂和粘粒含量较高难以集聚和排出的问题,提出了适合现场施工状况的隧洞外和隧洞内降水技术(马莎等,2016;马向军等,2016b):隧洞外采用深井群降水技术,洞内采用导水洞超前降水、透水钢板桩或钢板槽集水坑、钢护筒集水井等降水技术,有效解决了降水难题。结合常规轻型井点降水技术,该方法有效集聚并排出掌子面前方围岩地下水及掌子面附近的积水,使掌子面开挖时不发生大体积的涌砂、涌水等事故,增强了砂体整体稳定能力,降水效果较好。

8.3.1　钢板桩(钢板槽)集水坑降水

1. 透水钢板桩集水坑降水

在待施工断面四周分别打入透水钢板,有效阻挡砂层的流动,仅允许少量砂和泥进入。在集水坑内打入钢护筒集水井或者透水钢板槽集水坑,有效集聚并及时抽排地下水,使掌子面前方围岩内的集水及流砂向集水坑内流动,以增强砂体整体稳定能力,使开挖能够实施。

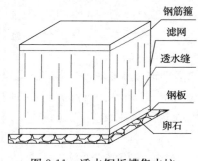

图 8-11　透水钢板槽集水坑

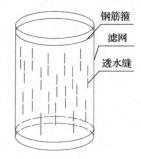

图 8-12　钢护筒集水井(单节)

2. 透水钢板槽集水坑降水

透水钢板槽如图 8-11 所示,将预制的透水钢板槽压入临近施工掌子面的砂层内,形成集水坑,集水坑的数量根据出水量确定。

(1) 采用厚度为 3mm 的成品钢板焊制成长度、宽度、深度均为 1m 的方形钢板槽,在钢板槽壁四面上垂直切割无数个狭缝作为透水缝,并在内侧包裹 3~4 层滤砂筛网,用千斤顶将钢板槽压入砂层中,挖去其内部的砂,将钢板槽下面厚度为 2~4cm 的砂挖出并回填卵石防止其底部涌砂,集水坑内放入水泵,连接排水软管,将积水抽排到作业区外的主集水坑。

(2) 掌子面前方围岩内的集水及流砂流向集水坑方向流动,有效阻止大量细砂和淤泥流入,减小了掌子面下部出现流砂层时开挖支护作业的施工难度,使施工机械和人员能够进入到掌子面进行施工。集水坑降水降低了掌子面前方围岩内的地下水压,增强了砂体整体稳定能力。

8.3.2 钢护筒集水井

隧洞全断面为未胶结砂层和弱胶结砂岩时,采用透水钢板槽集水坑难以有效聚水及阻滞砂层的流动,施工中摸索出钢护筒集水井的降水方法。

如图 8-12 所示,采用厚度为 3mm 的成品钢板预制若干节直径为 1m、高度为 70cm 的钢护筒将钢护筒的壁切割无数个狭缝作为透水缝,在外包裹 2~3 层滤砂筛网,在外侧用环向钢筋箍上下各一道固定滤网,在压入钢护筒过程中起到保护滤网的作用。

沿隧洞轴线或两侧部位,距离工作面一定距离(约 2m 处),用千斤顶将第一节钢护筒压入砂层中,挖去钢护筒里面的砂,焊接第二节钢护筒并继续用千斤顶压入,继续将钢护筒内的砂挖出。根据需要可以焊接若干节钢护筒,形成一定深度的集水井,在最下面一节钢护筒底部下挖厚度为 2~4cm 的砂并用卵石回填防止其底部涌砂,集水井内放入水泵,水泵排水软管连接总集水管排出洞外。

通过钢护筒集水井降水,能有效阻止大量细砂和淤泥流入。真空轻型井点和透水钢板槽集水坑降水,可有效排出掌子面前方围岩内的积聚地下水,削弱砂的饱和程度并减小砂体整体向掌子面涌动,提高施工掌子面围岩在短时间内的稳定性,从而有效避免涌砂、涌水现象的发生,使掌子面上断面的开挖支护作业安全实施。

8.3.3 顶部透水钢管降水

为有效降低掌子面前方的第三水压力,在隧洞顶拱两侧向下倾倾 15°,各打入一根透水钢管,采用直径为 32mm、长度为 3m 的钢管,钢管外包裹滤砂网,通过直径为 32mm 的软管接入真空泵抽排水。真空泵功率为 4.5kW,排水量为 60 吨/小时,达到其功率的 60%,水泵由软管连接排水主管。顶部管棚灌浆管排水管轻型井点降水示意图如图 8-6(b) 所示。

参 考 文 献

毕焕军. 2013. 胡麻岭隧道水敏性岩地下水渗流场模拟研究. 铁道工程学报,183(12):64-68.

蔡臣. 2012. 复杂含水弱胶结砂岩隧道围岩稳定性研究. 成都:西南交通大学博士论文.

曹峰. 2012. 兰州第三系砂岩水稳性特征隧道施工研究. 铁道工程学报,29(12):21-25.

曹久亭,孙阳光,黄思杰,等. 2014. 初始孔隙比对饱和砂土动力特性影响研究. 三峡大学学报(自然科学版),36(02):68-71.

长江水利委员会长江科学院. 2015. 工程岩体分级标准(GB/T 50218-2014). 北京:中国计划出版社.

常福庆,张一,李林民. 2009. 西霞院工程上第三系地层工程地质分类初步探讨. 资源环境与工程,23(5):649-652.

陈德彪. 2013. 兰渝铁路胡麻岭隧道第三系弱成砂岩蠕变特性试验研究. 隧道建设,33(8):659-663.

陈东亮,闫长斌. 2009. 南水北调中线潮河隧洞方案上第三系粘土岩、砂岩的工程性质. 资源环境与工程,23(5):551-553.

陈敬松,张家生,孙希望. 2006. 饱和尾矿砂动强度特性试验结果与分析. 水利学报,37(05):603-607.

陈南祥. 2008. 水文地质学. 北京:中国水利水电出版社:140-174.

陈祥恩,杜长龙. 2009. 马泰壕煤矿斜井冻结施工技术. 煤炭科学技术,37(11):21-23.

陈志国,吴毅彬,陈云彬,等. 2010. 连续墙止水帷幕在海底隧道穿越浅滩富水砂层段的应用及分析. 工业建筑,s1(40):670-673.

程向民,陈书文,吕振. 2013. 晋西北上第三系红粘土工程地质特性与隧洞施工措施. 资源环境与工程,27(4):390-393.

程正明. 2012. 潮间带富水砂层海底隧道及竖井施工技术探讨. 兰州交通大学学报,31(6):33-38.

崔玖江,崔晓青. 2011. 隧道与地下工程注浆技术. 北京:中国建筑工业出版社:109-134.

丹建军. 2014. 便携式灌浆装置:中国,2014202713263.

邓亚虹,李喜安,王治军,等. 2012. 毛乌素沙漠风积砂动强度特性试验研究. 工程力学,(12):281-286.

董波. 2013. 反井钻机在洞松水电站压力管道斜井特殊地质洞段的成功运用. 四川水力发电,32(增):58-61.

董方庭. 2001. 巷道围岩松动圈支护理论及应用技术. 北京:煤炭工业出版社:28-120.

董兰凤,陈万业. 2003. 兰州弟三系砂岩工程特性研究. 兰州大学学报,39(3):09-93.

杜嘉鸿,张崇瑞,何修仁,等. 1993. 地下建筑注浆工程简明手册. 北京:科学出版社:143-175.

杜欣,曾亚武,唐冬云. 2010. 基于水下抽水试验的岩体渗透系数研究及应用. 岩石力学与工程学报,29(增2):3542-3548.

杜永彬. 2009. 破碎带隧道开挖支护效果的模拟破碎带隧道开挖支护效果的模拟. 重庆交通大学学报(自然科学版),28(1):33-35.

段伟,王杰,刘康和. 2015. 某隧洞软弱围岩变形特性测试与分析. 人民黄河,37(10):134-137.

樊启祥,王忠耀,彭冈,等. 2013. 大型沉井群用于水电工程深厚覆盖层地基处理技术研究. 中国长江三峡集团公司.

冯涛. 2012. 南水北调中线工程采空区注浆处理试验研究. 人民黄河,34(8):131-133.

符又熹,聂德新,尚岳全,等. 2003. 黄河上游第三系泥质沉积物室内超高压试验研究. 岩土工程学报,25(02):170- 173.

高程. 2013. 第三系软弱围岩地下水环境效应研究. 成都:西南交通大学硕士论文.

葛取平,刘传文. 2009. 以全-强风化富水砂岩及含水砂层为主的异常复杂的特殊地质地段. 隧道建设,29(增2):144-147.

工程地质手册编委会. 2011. 工程地质手册(第四版). 北京:中国建筑工业出版社.

海来提·卡德尔. 2009. 软岩隧洞的施工经验探讨. 资源环境与工程,23(5):745-747.

何满潮,胡永光,任爱武,等. 2005. 深部第三系软岩巷道交岔点稳定性及其支护对策研究. 建井技术,26(3):32-35.

何满潮,景海河,孙晓明. 1998. 软岩工程力学. 北京:科学出版社:1-99.

何满潮. 1999. 世纪之交软岩工程技术现状与展望. 北京:煤炭工业出版社:1-9.

胡锋. 2012. 麻崖子隧道破碎围岩稳定性分析. 西安:长安大学博士学位论文.

胡昕,洪宝宁,杜强,等. 2009. 含水率对煤系土抗剪强度的影响. 岩土力学,30(8):2291-2294.

黄博,胡俊清,施明雄,等. 2011. 单、双向动三轴试验条件下饱和砂动力特性对比. 西北地震学报,33(增刊):137-142.

黄琨,万军伟,陈刚,等. 2012. 非饱和土的抗剪强度与含水率关系的试验研究. 岩土力学,33(9):2600-2604.

黄思杰,刘建民,曹久亭,等. 2014. 珠海拱北隧道饱和砂土动力特性试验研究. 科学技术与工程,14(11):248-251.

黄志全,李宣,杨永香,等. 2014. 沉积成层饱和粉土质砂振动孔压发展规律的试验研究. 工业建筑,4:94-98.

贾进锋. 2012. 深厚富水表土层斜井冻结技术研究. 北京:中国矿业大学(北京)博士论文.

蒋勇. 2011. 引洮总干渠7#洞上第三系极软岩隧洞围岩工程地质问题及TBM适应性评价. 甘肃水利水电技术,47(8):34-36.

靳建军,张鸿儒. 2006. 砂土液化特性MTS动三轴试验研究. 北京交通大学学报,30(04):60-63.

邝健政. 2001. 岩土注浆理论与工程实例. 北京:科学出版社:113-121、150-154.

李广信. 2004. 高等土力学. 北京:清华大学出版社:114-180.

李进军,王卫东. 2010. 受承压水影响的深基坑工程中的群井抽水试验. 地下空间与工程学报,6(03):460-466.

李世才. 2012. 桃树坪隧道富水未成岩粉细砂试验段施工技术. 现代隧道技,49(4):111-119.

李旭东,李力翔,吴广庆. 2013. 西霞院水库坝下地下水位抬升帷幕灌浆处理. 人民黄河,35(1):101-103.

李宗哲,朱婧,居炎飞,等. 2009. 大型沉井群的沉井下沉阻力监测技术. 华中科技大学学报(城市科学版),26(2):43246.

凌华,殷宗泽. 2007. 非饱和强度随含水量的变化. 岩石力学与工程学报,26(7):1549-1503.

刘成杰. 2014. 桃树坪隧道第三系富水粉细砂层塌方处理方案. 兰州交通大学学报,33(1):112-118.

刘海强. 2013 侧限条件下饱和砂土液化机理试验研究. 北京:北京工业大学硕士学位论文.

刘汉东,戴菊英,李继伟. 2006. 黄河西霞院工程坝基黏土岩的工程地质特性研究. 岩土力学,27(11):2045-2049.

刘军. 2013. 乔家山隧道穿越第三系粉质粘土地层施工安全风险控制技术研究. 南京:中南大学硕士论文.

刘泉声,张华,林涛. 2004. 煤矿深部岩巷围岩稳定与支护对策. 岩石力学与工程学报,23(21):3732-3737.

刘玉柱,冯旭东. 2008. 管棚注浆法在长距离深厚风积砂层斜井井筒施工中的应用. 建井技术,29(2):3-5.

刘志峰,林洪孝,许向君,等. 2007. 小范围群井与单井抽水试验推求水文地质参数的比较分析. 地质与勘探,43(1):94-97.

龙玉民. 2012. 重塑粘性土 c、φ 值影响因素研究. 长沙:中南大学硕士论文.

鲁得文. 2013. 高速公路膨胀性泥岩隧道施工技术研究. 兰州:兰州交通大学硕士论文.

罗平. 2011. 含水弱胶结砂岩隧道地层特性及施工技术研究. 北京:北京交通大学硕士论文.

马莎,曹连海,肖明等. 2012. 深埋地下洞室群动力时程分析中人工边界的设置. 四川大学学报(工程科学版),44(4):26-31.

马莎. 2011. 地下洞室围岩稳定非线性理论和方法. 北京:中国水利水电出版社:135-155.

马莎. 2009. 基于监测位移的地下洞室围岩稳定非线性方法研究. 武汉:武汉大学博士学位论文.

马莎,李曼. 2016. 新近系饱和砂动强度特性室内试验研究. 人民黄河,38(4):129-132.

马莎. 2016. 竖井施工用沉筒加固装置:中国,2014 1 02241750.

马莎. 2016. 竖井中间段软弱地质层的施工加固方法:中国,2014 1 02243101.

马莎,汪孝斌,马星辰,等. 2016. 新近系弱胶结岩的力学特性室内试验研究. 人民黄河,38(5):121-124.

马莎,肖明. 2011. 洞室围岩位移长期预报混沌-神经网络模型. 地下空间与工程学报,7(3):564-569.

马莎,肖明,黄志全,等. 2008. 地下厂房围岩位移混沌动力学特征研究. 岩石力学与工程,27(增2):3807-3815.

马莎,肖明. 2008. 基于混沌理论的地下厂房围岩变形特征参数分析. 水力发电学报,27(6):84-89.

马莎,肖明. 2010. 基于突变理论和监测位移的地下洞室稳定评判方法研究. 岩石力学与工程,29(增2):3812-3819.

马向军,丹建军,崔康伟. 2016a. 深埋斜井流砂层段透水钢板桩施工技术. 人民黄河,38(4):.133-135.

马向军,张社祥,马星辰. 2016b. 新近系弱胶结岩水理特性室内试验研究. 人民黄河. 38(5):125-127.

苗河根. 2008. 第三系富水高压砂砾层人造围岩法凿井工艺的研究与实践. 建井技术,29(4):24-26.

欧尔峰,梁庆国,鲁得文,等. 2013. 天水第三系泥岩地球化学特性研究——以梁家山隧道开挖岩样为例. 地球科学进展,28(3):398-406.

庞建勇,郭兰波,刘松玉. 2004. 高应力巷道局部弱支护机理分析. 岩石力学与工程学报,23(12):2001-2004.

千绍玉. 2011. 西夏渠隧洞工程降排水施工技术研究. 隧道/地下工程,6:49-51.

秦四清. 1993. 非线性工程地质导引. 成都:西南交通大学出版社:61-85.

曲永新,吴芝兰,徐晓岚,等. 1991. 对中国东部膨胀岩的研究. 软岩工程,1(2):45-54.

闫宇,宋岳. 2008. 我国部分地区上第三系工程地质性质及岩性定名. 资源环境与工程,22(2):183-187.

尚展垒,沈高峰,朱付保. 西霞院大坝软岩地基处理及分层沉降分析. 人民黄河.2014,36(4):92～94.

司剑钧. 2014. 第三系富水泥质弱胶结粉细砂岩地层隧道工序写实. 现代隧道技术,51(2):115-121.

孙晓明,何满潮. 2005. 深部开采软岩巷道祸合支护数值模拟研究. 中国矿业大学学报,34(2):166-169.

孙晓明,武雄,何满潮,等. 2005. 强膨胀性软岩的判别与分级标准. 岩石力学与工程学报,24(1):128-132.

唐国荣. 2011. 水平旋喷技术在第三系粉细砂地层隧道中的试验应用//张海. 中国土木工程学会隧道与地下工程分会防水排水专业委员会第十五届学术交流会论文集. 上海:地下工程与隧道,9(z2):97-101,147.

唐迎春,黄钟晖,张凯,等. 2014. 南宁第三系浅表层风化泥岩物理力学及膨胀特性分析. 工程地质学报,22(1):144-151.

王朝咏. 2013. 斜井冻结工程逐步投入法应用技术.煤矿现代化,(2):14-16.

王东. 2011. 穿黄隧洞管片壁后注浆机理与浆液应用浅析. 人民黄河,33(3):119-120.

王宏,殷力涛,赵剑明,等. 2011. 穿黄工程隧洞段饱和砂土的动强度特性研究. 人民长江,42(8):109-110.

王建军. 2013. 兰渝铁路上第三系弱胶结砂软化与变形机理探究. 工程地质学报,21(5):716-721.

王锦华. 2014. 炭质板岩隧道大变形及施工工法研究. 北京:北京交通大学硕士论文.

王利民,贾占军,李荣伟. 2011. 软硬不均砾岩水工隧洞项目若干问题分析. 水科学与工程技术,23(5):

78-80.

王明森,王洪恩,查振衡,等. 2010. 高压喷射灌浆与渗加固技术. 北京:中国水利水电出版社:182-212.

王星华,周海林. 2001. 固结比对饱和砂土液化的影响研究. 中国铁道科学,22(6):121-126.

王艳丽,王勇. 2009. 饱和砂的动孔压演化特性试验研究. 同济大学学报(自然科学版),(12):1603-1607.

魏国俊. 2013. 程儿山隧道第三系砂岩施工地质问题研究. 隧道/地下工程,(07):87-90.

魏玉峰,荀晓慧,聂德新,等. 2010. 黄河上游新第三系红层软岩饱水强度参数研究. 人民黄河,32(5):85-87.

吴世明. 2000. 土动力学. 北京:中国建筑工业出版社:75-116.

务新超. 2002. 土力学. 郑州:黄河水利出版社:6-32.

夏维学,杨晓东,师建军. 2013. 反井钻机在Ⅳ、Ⅴ类围岩中的成井技术. 四川水力发电,32(5):42-43.

谢定义,巫志辉,郭耀堂. 1981. 极限平衡理论在饱和砂土动力失稳过程分析中的应用. 土木工程学报,
    14(04):17-28.

熊进,祝红,董建军. 2003. 长江三峡工程灌浆技术研究. 北京:中国水利水电出版社:216-220、307-310.

熊善平. 2012. 惠宝煤矿副斜井过含水砂层的施工方法. 江西煤炭科技. (4):33-35.

徐长久. 2011. 胡麻岭隧道第三系粉细砂岩段施工关键技术. 国防交通工程与技术,9(6):55-58.

徐辉,李向东. 2009. 地下工程. 武汉:武汉理工大学出版社:91-105.

徐志英. 2003. 岩石力学. 北京:中国水利水电出版社.

薛禹群主编. 1997. 地下水动力学. 北京:地质出版社:14-139.

薛振声,成益洋,崔康伟等. 2016a. 含水率对新近系粉质黏土强度影响的试验研究. 人民黄河,38(4):
    125-128.

薛振声,成益洋,张社祥等. 2016b. 深埋隧洞外深井群降水试验及方案研究. 人民黄河,38(5):128-130.

岩土注浆理论与工程实例协作组. 2001. 岩土注浆理论与工程实例. 北京:科学出版社:113-121,150-154.

杨灿文,黄民水. 2010. 某大型沉井基础关键施工过程受力分析. 华中科技大学学报(城市科学版),27(1):
    72-76.

杨扶银. 2013. 程儿山隧道富水第三系粉细砂岩段施工技术. 施工技术,42(8):65-66.

杨军,于世波,陶志刚,等. 2014. 第三系软岩巷道变形破坏特性及耦合控制对策研究. 采矿与安全工程学报,
    31(3):373-378.

杨绪烽. 2013. 软弱围岩隧道施工力学与稳定性的数值模拟研究. 重庆:重庆交通大学硕士论文.

于澎涛,王江涛,龚浩. 2009. 南水北调中线穿黄工程竖井逆作法施工技术. 人民黄河,31(11):91-94.

袁全义. 2009. 西霞院工程建设中的重要技术创新. 人民黄河,31(10):3-7.

张国良,王胜军,王宁波,等. 2015 天池抽水蓄能电站斜井开挖施工方案比选. 人民黄河,37(3):116-119.

张建民,谢定义. 1990. 孔压模式选择对砂土抗震边值计算问题的影响. 岩土力学数值方法的工程应用—第
    二届全国岩石力学数值计算与模型实验研讨会论文集. 上海:642-649.

张建奇. 2013. 降水措施在第三系富水砂岩隧道施工中的应用. 铁道建筑,24:76-78.

张晓宇. 2012. 西宁地区第三系地层岩土工程特性及影响. 铁道工程学报,167(8):20-23.

张学文. 2012. 富水饱和砂土隧道施工降水技术探讨. 应用技术. (04):92-95.

张一,常福庆,闫长斌. 2009. 西霞院工程上第三系地层水文地质特征. 资源环境与工程,23 (5):554-557.

张永成. 2012. 注浆技术. 北京:煤炭工业出版社

张永双,曲水新. 2000a. 鲁西南地区上第三系硬粘土的工程特性及其工程环境效应研究. 岩土工程学报,
    22(4):445-449.

张战强,畅瑞锋,杨少青,等. 2016a. 新型便携式防渗堵漏灌浆设备及其工程应用. 人民黄河,38(5):
    131-133.

张战强,丹建军,畅瑞锋. 2016b. 富水深埋隧洞流砂层渗流大变形的处理与加固. 人民黄河,38(4):136-139.

赵长海,周小兵,贺建国,等. 2006. 极软岩隧洞的设计与施工. 岩石力学与工程学报,25(增1):7-12.

赵士伟,楚建收. 2008. 引洮工程隧洞施工中不稳定围岩的处理措施. 山西水利科技,170(4):42-43.

赵玉明. 2013. 斜井步进式冻结工法应用研究. 建井技术,34(6):33-35.

甄秉国. 2013. 兰渝线桃树坪隧道区域上第三系砂岩工程特性分析. 铁道建筑,5(5):55-57.

郑水敢. 2011. 河南安阳第三系黏土岩胀缩特性研究. 人民黄河,33(2):115-117.

中国地质调查局. 水文地质手册. 北京:地质出版社,2012:341-410.

中国建筑科学研究院. 2012. 建筑地基基础设计规范(GB50007—2011). 北京:中国建筑工业出版社.

中华人民共和国建设部. 2009. 岩土工程勘察规范(GB50021—2009). 北京:中国建筑工业出版社.

中华人民共和国水利部. 2014. 水工建筑物水泥灌浆施工技术规范(SL 62—2014). 北京:中国水利水电出版社.

中华水电基础局有限公司. 2012. 水工建筑物水泥灌浆施工技术规范(DL&T5148—2012). 北京:中国电力出版社.

中交公路规划设计院有限公司. 2007. 公路桥涵地基与基础设计规范(JTG D63—2007). 北京:人民交通出版社.

周宏伟,谢和平,董正亮,等. 2001. 深部软岩巷道喷射钢纤维混凝土支护技术. 工程地质学报,9(4):393-398.

周健,陈小亮,杨永香等. 2011. 饱和层状砂土液化特性的动三轴试验研究. 岩土力学,32(04):967-972.

周烨. 2013. 富水弱成砂岩隧道力学特性与支护对策研究. 北京:北京交通大学博士论文.

Anon. 1977. Working party report on the description of rock masses for engineering purpose. Quarterly Journal of Engineering Geology and Hydrogeology,(10):355-388.

Belkhatir M, Arab A, Della N, et al. 2010. Influence of inter-granular void ratio on monotonic and cyclic undrained shear response of sandy soil. Comptes Rendus Mecanique,338(5): 290-303.

Chen S G,Zhao J. 2002. Modeling of tunnel excavation using a hybrid DEMBEM method. Computer-Aid Civil and Infrastructure Engineering, 17(5):381-386.

Cundall P A. Numerical experiments on localization in frictional materials. Ingenieur-archiv, 1989, 59(2): 148-159.

Deere D U, Deere D W. 1988. The rock quality designation(RQD)index in practice[A]. Kirkaldie L. Rock classfification Systems for Engineering Purposes[C]. Philadelphia:Am, Soc, Test. Mat. ASTM Special Publication, 984:91-101.

Grainger P. 1984. The classification of mudrocks for engineering purpose. Quarterly Journal of Engineering Geology and Hydrogeology,17(4):381-387.

Kondner R L, Zelasko J S. 1963. A Hyperbolic Stress-strain Formulation of Sands, Proc. of 2nd Pan American Conference on Soil Mechanics and Foundation Engineering, San Paulo, Brasil, 289-324.

Loupasakis C, Konstantopoulou G. 2007. A failure mechanism of the fine Neogene formations: an example from Thasos. Landslides,4(4):351-355.

Martin G R, Seed H B, Finn W D L. 2015. Fundamentals of liquefaction under cyclic loading. Journal of the Geotechnical Engineering Division,101(5): 423-438.

Morgenstern N R, Eigenbrod K D. 1974. Classification of argillaceous soils and rocks. Journal of the Geotechnical Engineering Division, 100(10):1137-1156.

Oteo C. 1993. Urban tunnels in hard soils. Geotechnical Engineering of Hard Soils/Soft Rocks,3:2063-2098.

Rocha M. 1977. Some problems related to rock mechanics of low resistance. Journal Geotecnical,18:3-17.

Sadisun I A, Shimada H, Ichinose M et al. 2005. Study on the physical disintegration characteristics of Sub-angclaystone subjected to a modified slaking index test. Geotechnical and Geological Engineering, 23(3): 199-218.

Sanada H, Nakamura T, Sugita T. 2012. Mine-by Experiment in a deep shaft in Neogene sedimentary rocks at Horonobe. International Journal of Rock Mechanics and Mining Sciences, 56: 127-135.

Seed H B, Idriss I M. 1983. Evaluation of liquefaction potential using field performance data. Journal of Geotechnical Engineering, 109(3): 458-482.

Terzaghi K, Peck R B. 1967. Soil mechanics in engineering practice. New York: Wiley.